打造让家务省时省力的住宅

[日]田中直美◎著　黄馨蔚◎译

清华大学出版社
北京

北京市版权局著作权合同登记号　图字：01-2023-6064

GANBARI SUGINAI KAJI NO JITAN ZUKAN © NAOMI TANAKA 2022

Originally published in Japan in 2022 by X-Knowledge Co., Ltd.

Chinese (in simplified character only) translation rights arranged with X-Knowledge Co., Ltd.

图书在版编目 (CIP) 数据

打造让家务省时省力的住宅 / (日) 田中直美著；黄馨蔚译. -- 北京：清华大学出版社，2025. 8. -- ISBN 978-7-302-70097-5

Ⅰ. TU241

中国国家版本馆CIP数据核字第202527ZM19号

责任编辑：孙元元
封面设计：谢晓翠
责任校对：王淑云
责任印制：杨　艳

出版发行：清华大学出版社
　　　　　网　　　址：https://www.tup.com.cn，https://www.wqxuetang.com
　　　　　地　　　址：北京清华大学学研大厦 A 座　　邮　　　编：100084
　　　　　社 总 机：010-83470000　　　　　邮　　　购：010-62786544
　　　　　投稿与读者服务：010-62776969，c-service@tup.tsinghua.edu.cn
　　　　　质量反馈：010-62772015，zhiliang@tup.tsinghua.edu.cn
印 装 者：三河市春园印刷有限公司
经　　销：全国新华书店
开　　本：165mm×230mm　　　**印　张：**10　　　**字　　数：**177 千字
版　　次：2025 年 8 月第 1 版　　　**印　　次：**2025 年 8 月第 1 次印刷
定　　价：69.00 元

产品编号：104386-01

前言 ｜ 让生活更充实的时间压缩术

　　我们总是希望在家中度过更加充实的时光，享受更加精致的生活——然而现实生活却往往像一场被时间追赶的闹剧，总会朝着与"精致"背道而驰的方向发展。在信息爆炸的时代，人也会变得日渐浮躁，被贩卖"快速＋便宜"的消费市场玩弄于股掌之间。

　　但是，谁会对这样的生活感到满意呢？

　　即使很想做点什么事情，也往往会因为时间不够，半途而废。无暇维护人际关系，生活变得混乱不堪，人的心情也自然会受到影响。其实，只要稍微优化一下家中的物品配置，就能让生活变得更加丰富，更加游刃有余。

什么是充实的生活？

　　比如，能够有时间沉浸在自己热爱的事物中，心情愉悦地生活。在此基础上，我们会更加珍惜每一天——会花时间熬制高汤，也会耐心烹饪那些需要慢火细炖的佳肴。会用精美的餐具盛放食物，细细品味应季食材的鲜美。熨烫好衣物后，感受洁净布料的柔软触感；把地板打扫得一尘不染，心情也随之变得舒畅。还会有意识地注意不给环境造成负担。

　　如果能够重新审视那些让你手忙脚乱的事情，并好好整理一番，就一定能够重建生活的秩序。一旦生活步入了新的轨道，我们的审美能力也会以一种有趣的方式得到提升。只要生活得更精致、更用心，便不会再回归那种闹剧般的状态。

不气馁，不硬撑，不过度劳累

　　首先，我们要重新审视那些生活中的琐事所耗费的时间，学会"压缩时间"。

"压缩时间"这个说法也许容易被当作偷工减料或是偷懒，甚至还会有人因此产生"罪恶感"。但事实并非如此。在避免时间浪费的同时，其实有很多方法可以帮助我们迅速、高效、充实地完成家务。

只要在日常思考如何使用时间上多下点功夫，就能积攒出足够的时间去做那些我们真正想做的、能让生活变得更加积极向上的事情。就连那些原本觉得烦琐的家务，也会成为美好生活的一部分，让我们在家中度过的时光变得更加生动有趣。

不必紧张忙碌，不必强迫自己，更不需要过度努力，就能够轻松应对家务，让生活变得更加愉快。

生活充满了快乐，要是交给别人就太可惜了

我是一名住宅设计师。但在那之前，我认为我首先是一名独居者。

之所以选择住宅设计师这个职业，是因为我希望工作能够延续我所热爱的生活方式。如果您读了这本书后，产生了类似"女性做家务是天经地义"的想法，那就偏离这本书的本意了。生活本就是一件乐事，应当亲自体验，而不是托付给别人，这才是我的核心理念。

我在承接住宅设计委托项目的时候，每次都会问客户一个问题：

"你喜欢做哪些家务，讨厌做哪些家务？"

大多数人喜欢做的家务是为家人做饭、在晴天晾晒洗净的衣物等。而讨厌的家务则往往是打扫、叠衣服、洗衣服等。

接着我会再问第二个问题：

"那么，您讨厌做这些家务的原因是什么呢？"

答案通常是：麻烦、不开心、空间不够、没有成就感、没有尽头……

于是我经常整理这些不喜欢做家务的理由，然后想办法解决它们，消除这些负面情绪。与此同时，也会思考如何让客户更加享受他们原本就喜欢做的那些家务。

这本书，就是基于我这样一个生活者、设计者的亲身经验而写成的。在书中，我将分享关于家务和居家生活中的时间压缩术。

目录

第一章

- - - - - - -

重新审视生活习惯吧

根据一年四季制订长期计划（以我的年计划为例）

	1月	2月	3月	4月	5月	6月
● 季节活动	元旦	立春 情人节 ＊丈夫生日	女儿节 春分 白色情人节 ＊结婚纪念日	赏花 复活节	五一黄金周 儿童节 母亲节 八十八夜 ＊母亲和婆婆的生日	父亲节
● 生活琐事	贺年卡 旅行 ➡	扫雪	更换轮胎	更换夏装	准备苦瓜等绿植	梅雨季除湿 防霉 准备除湿机、雨具
● 应季食物	年饭 杂煮 七草粥	福豆① 惠方卷② 巧克力	散寿司 牡丹饼	复活节蛋	樱饼、柏饼、艾草饼 粽子	
● 腌制物（长期保存）	腌白菜	腌萝卜 （11月～次年2月）	果酱 味噌	米糠腌菜	腌梅子 紫苏糖浆 腌藠头	盐渍山椒佃煮

> 别忘了把生日写上去。尤其不能忘记婆婆的生日！

> 提前规划好一年的旅游行程。

> 竹笋、野菜、梅子、茄子、紫苏……应该将这些只有在这个季节才能品尝到的时令食材一起记录下来。

首先，让我们先尝试以年为单位来规划生活，制订一个年度计划。先把那些需要提前花时间准备的节庆活动、日常生活事务（如衣食住行）、食材采购（参照 37 页）等事项都列出来，再加上各个季节的节日、节气、习俗（如正月、暑假等），重新审视一年四季。

应季的食材上市时间有限，一不留神就很容易错过。不妨试试把应

---

① 炒过的黄豆，通常在立春前一天吃。
② 在立春前一天吃的一种粗卷寿司，吃的时候要面向惠方。惠方指的是这一年掌管福德之神所在的方向。

7月	8月	9月	10月	11月	12月

七夕
土用丑日
中元节
*姐姐生日

孟兰盆节
老家德岛的阿波舞

秋分

十五夜
万圣节
*哥哥生日

枫叶季赏枫
摘柚子

岁暮
圣诞节
跨年

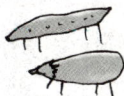

不能忘记的快乐节日。

暑期问候
拿出令夏日清凉的物品（风铃、凉席、麻制蚊帐、驱蚊器、团扇等）

◄─ 旅行 ─►

秋日大扫除
擦地板油

清洗夏装
更换秋冬衣物
换轮胎

取出被子、毛毯、暖炉

日历
圣诞节贺卡
◄─ 旅行

在不易干燥的季节来临前抓紧做好。

鳗鱼

刨冰

豆饭
秋刀鱼
牡丹饼

万圣节南瓜派
赏月团子

火鸡
冬至南瓜
跨年荞麦面

将节日美食融入日常生活，四季的丰富多彩就会自然而然地融入生活。

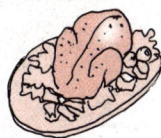

梅干
干香草
柴渍咸菜

罗勒酱
番茄酱

腌蘑菇（油腌渍、酱油腌渍）

板栗甘露煮

腌萝卜（11月～次年2月）
腌柚子

制作味噌

季风物纳入生活规划之中。像酿造腌渍这种活，虽然需要准备很多东西，但是它们对日后的生活大有帮助。不仅比市面上卖的更安全，还能节省开支。

此外，我还会将时令美食融入日常饮食之中。日本有"品味四季"的饮食习惯，所以我尝试过根据节气历法来变换餐食。把时令美食加入每个月的菜单，就能够让日常的饮食融入四季的味道，丰富我们的生活。

最后，再加上自己"想做的事"吧，比如旅行。对于有家庭的人而言，只要共享彼此的年度日程，就很容易找出合适的旅行时间并提前制订计划。在更换新一年的日历时，也别忘了把前一年的重要活动记录下来。

饮食周计划

一周的购物清单

制订一周的购物清单，有计划地循环使用食材。如果你买了一棵卷心菜，那么可以把它分别用在沙拉、蒸菜、炖菜中。做好这样的清单之后，等到下一年同样的时节到来时，还能作为参考。

	星期日	星期一	星期二	星期三	星期四	星期五	星期六
早	混合麦片 面包 牛奶 酸奶	有空的时候 提前做好			偶尔偷懒！ 点外卖或者 出去吃		法棍面包 鸡蛋 沙拉 咖啡
中	三明治 便当	常备菜 凉拌茄子 腌汁 洋葱醋 炒牛蒡丝	常备菜 + 午餐配菜 准备一些西红柿、黄瓜等可以每天用来调味的小菜				OUT
晚	烤茄子 烤鱼 米饭	蒸卷心菜 饺子 米饭	芝麻酱豆腐 黄麻菜 秋葵纳豆 煮萝卜 米饭 蛤蜊汤	味噌煮萝卜 鸡肉火腿 米饭 凉拌卷心菜	西红柿汤 库斯库斯① （香肠、罗勒）	新加坡鸡 茉莉花饭 卷心菜沙拉	常备菜 焗蘑菇 鸡蛋 牛奶 酸奶 萝卜 卷心菜
购物清单	柠檬 柑橘类 橄榄油						
回收日		可燃垃圾	纸箱、废纸	塑料	可燃垃圾	瓶瓶罐罐	不可燃垃圾

列好清单，避免浪费

有些菜会剩下贝壳这种隔夜会有味道的垃圾，确保第二天能作为可燃垃圾回收

设计能物尽其用的菜单，可以节省食材、开销、购物次数

定期检查储备用品！

定期检查面粉、干货、调味品等。尽快用掉快要到保质期的食品，把它们加入日常的菜单中。

罐头　粉末

袋装食品　干货　储存的食物

接下来，开始制订你的周计划吧。结合自身工作和生活的节奏来制订周计划会更有成效。比如你可以在清晨、深夜或者不需要做晚餐的时候规划菜单和购物清单。如果发现有什么遗漏，也可以随时追加。周计划还可以与垃圾收集日相结合，以避免家中垃圾堆积。②

　　制订家务计划时，将家务活动与垃圾收集日这种要每周定时做的事相结合，就可以轻松地将家务流程化，从而缩短花在家务上的时间。

---

① 库斯库斯（Couscous）在中文中的意思是"蒸粗麦粉"，这是一种源自北非的食物，由粗麦粉制成，常与肉或蔬菜一同食用。有时也被称为"古斯米"。
② 在日本，不同类型的垃圾只能在特定的日期丢弃。

倒垃圾和清洗的周计划

清洗大件衣物按照星期几来决定

大件纺织物要定好清洗时间。比如窗帘、地垫、鞋子、桌布、地毯、被罩和床单等床品。有了固定的清洗日，就不会忘记上一次是什么时候洗的了。

下雨天可以使用洗衣机的烘干功能或者用除湿器在房间内晾干。如果条件有限，就可以留到待定日再洗。

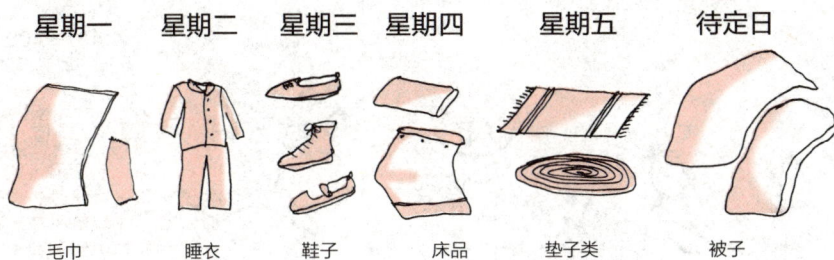

星期一	星期二	星期三	星期四	星期五	待定日
毛巾	睡衣	鞋子	床品	垫子类	被子

垃圾回收日制订家务日程

垃圾分类回收是制订家务周计划很好的参考依据。比如在废纸回收日到来前整理书架和不要的传单、废纸箱、废弃包装。我们的居住空间是有限的，所以不要浪费空间，好好地扔垃圾吧。

星期一	星期二	星期三	星期四	星期五	星期六
可燃垃圾	纸箱、废纸	塑料	可燃垃圾	瓶子、罐子	不可燃垃圾

比如事先规定好大件衣物应该星期几洗，家里各个区域分别该星期几打扫等，就会更加轻松。（参照 117 页）

话虽如此，我们肯定也会遇到突然下雨，或是洗不了衣服等难以按照计划进行的意外情况。针对这种情况，可以设置一个用来随机应变的待定日。在梅雨时节不妨借助烘干机或除湿器的力量。因计划临时有变或突然没办法做饭时，也可以灵活利用速食、应急食品、储备食品（参照 46 页）或外卖来解决。

不管怎样，我们首先需要清楚的一点是，掌控自己的日程非常重要。把你的工作日、周末（包括假期）安排，以及一周的时间分配写下来，然后再试着将它们流程化吧。

重新审视日计划吧

早上充分利用居家办公的便利

以我的日计划为例

就我的日程来说，我会在早上预留一小时的运动时间。起床后立刻去慢跑，接着再完成一连串的早间家务，然后投入工作。因为我家就是我的工作室，所以我不需要通勤，每天都是居家办公的状态。能够把上下班的时间 100% 用在自己身上是很难得的。

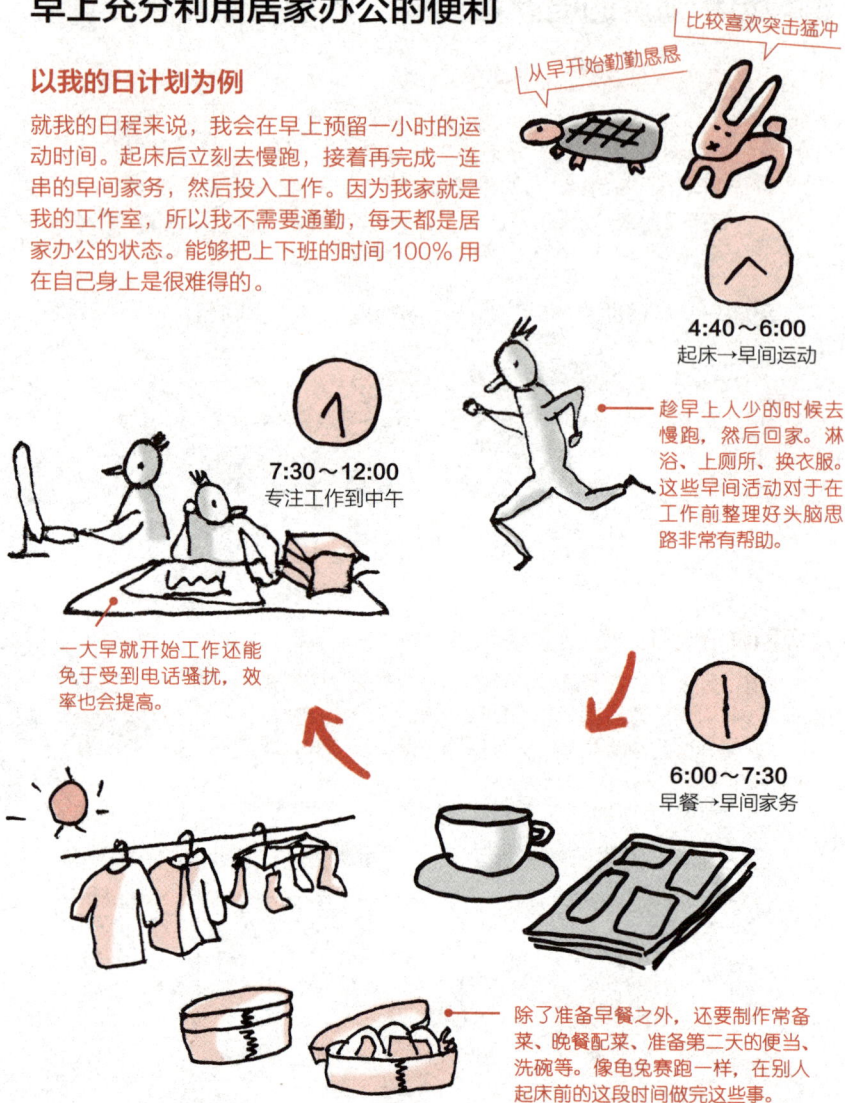

从早开始勤勤恳恳

比较喜欢突击猛冲

4:40～6:00
起床→早间运动

趁早上人少的时候去慢跑，然后回家。淋浴、上厕所、换衣服。这些早间活动对于在工作前整理好头脑思路非常有帮助。

7:30～12:00
专注工作到中午

一大早就开始工作还能免于受到电话骚扰，效率也会提高。

6:00～7:30
早餐→早间家务

除了准备早餐之外，还要制作常备菜、晚餐配菜、准备第二天的便当、洗碗等。像龟兔赛跑一样，在别人起床前的这段时间做完这些事。

定好年计划和周计划之后，就来思考每天的日程吧。比如按照平时的时间起床，是否能够顺利做完一天的事情？家人们的计划是怎么样的？如果和别人约好了来家里作客，还需要提前设想好流程，制订好计划。按计划行事，就能避免临时慌慌张张地对客人说，"我们去便利店买点吃的当午餐吧"这种事了。此外，最好养成提前查看第二天天气预报的习惯，随着天气的变化，每天要穿的要洗的衣服也会不一样。

如果回家晚了，那么准备晚餐和洗澡的计划也会受到影响。只要有一个齿轮无法啮合，其他的齿轮就会接二连三地卡住，时间也会变得更

中午之后就会发现早起的好处

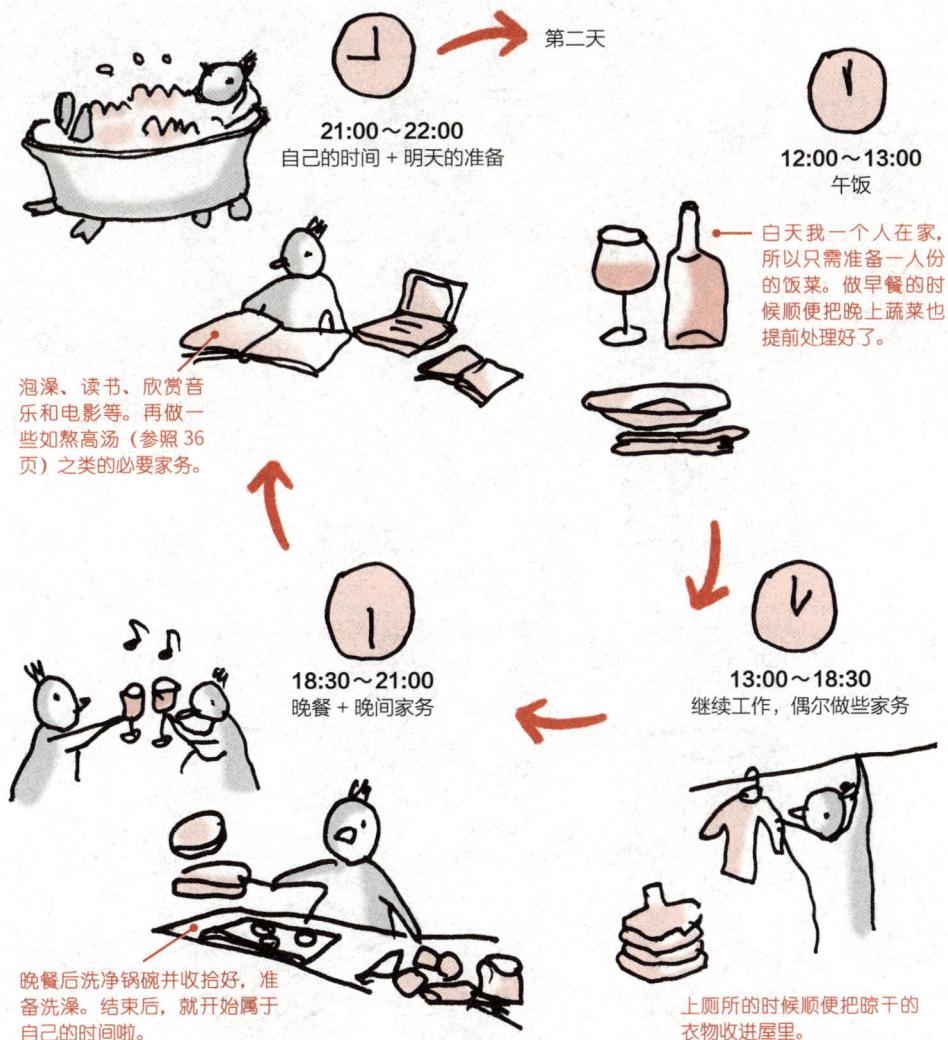

21:00～22:00
自己的时间 + 明天的准备

第二天

12:00～13:00
午饭

白天我一个人在家，
所以只需要准备一人份
的饭菜。做早餐的时
候顺便把晚上蔬菜也
提前处理好了。

泡澡、读书、欣赏音
乐和电影等。再做一
些如熬高汤（参照 36
页）之类的必要家务。

18:30～21:00
晚餐 + 晚间家务

13:00～18:30
继续工作，偶尔做些家务

晚餐后洗净锅碗并收拾好，准
备洗澡。结束后，就开始属于
自己的时间啦。

上厕所的时候顺便把晾干的
衣物收进屋里。

加紧迫。如果能给每一天都制定好一套常规流程，那么只要做完了必需的工作，就
可以给自己安排一些休闲娱乐活动，这样一来生活也会变得更加充实。

比如，我每天都会度过一段悠闲的晨间时光。我给自己安排一小时的慢跑或者
其他活动，远离家务和工作，只是安安静静地与自己相处。遇到下雨天这种不能出
去跑步的日子，就会把它当作额外馈赠的时间，在家给朋友写写贺卡等，做一些自
己想做的事。

在家竟然能同时做这么多事

给浴缸放热水（有的浴缸可以远程控制，即使家里没人也可以进行）。

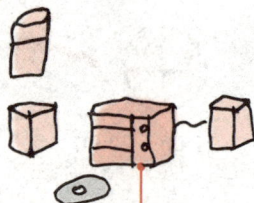

同时还可以听听音乐，或者广播电台等，了解时事新闻。

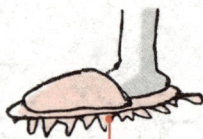

打扫（穿拖把拖鞋，走路的时候还能拖地，一举两得）。

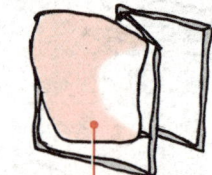

一边在家工作一边……

善用计时器来辅助明火烹饪，能够让饭菜更加美味。

把洗好的衣物晾起来，即使你不管它，它也会自己变干的。

多线程工作也要适度

在家应该同时进行的家务，是需要用火，或者只有人在场才能做的事情。虽然借助有定时功能的家用电器可以实现多线程同时处理家务，但是安排过多任务，也很容易忘记正在做的事情……

洗衣服，或是用厨房家电做饭等事情，虽然需要一些事先准备，但只要按下开关它们便会自动干起活来。

一些需要花时间花火候的菜（把烤箱的上下两层都利用起来，就是双倍的效率）。

让家务同时进行，不仅是一举两得的省力方法，也更加节约能源，是本书主旨"多样的时间压缩术"中的关键之一。

首先，我想分享一些人在家中可以同时做的事情。另一方面，还有那些不在家就没法做的事。在灶台上煮着食物，洗衣机正在洗衣服，浴缸在放热水……能做的事还有很多。没必要执着于每件事都亲力亲为，利用便利的家电吧！

要想顺利地让多件家务同时进行，规划好住宅的动线很重要。比如

可同时进行的主要项目

借助太阳的力量

太阳公公很伟大，能帮我们做很多事情。洗好的衣物，还有砧板等沾了水的厨具、脸盆、牙刷等，都可以很快晾干。

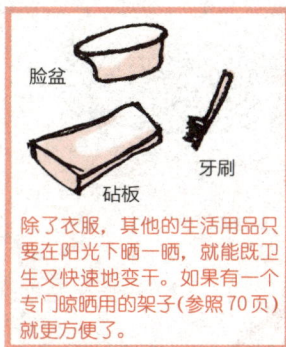

脸盆

牙刷

砧板

除了衣服，其他的生活用品只要在阳光下晒一晒，就能既卫生又快速地变干。如果有一个专门晾晒用的架子(参照70页)就更方便了。

利用家电

洗碗烘干机的使用年限和消耗的水费都不是很理想，但是对于没时间洗碗或者需要洗大量碗碟的人来说，就很方便。此外，洗碗机烘干所需的时间较长，适合双职工家庭等白天不在家，没时间晾干餐具的家庭。

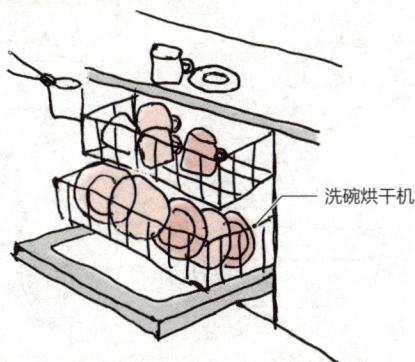

洗碗烘干机

充分使用烹饪工具

用一个大锅或平底锅就可以同时做好几道菜。大锅可以分几层同时蒸煮多种食材。平底锅也可以分割成几个区域同时烹饪多种食材（参照40～41页）。

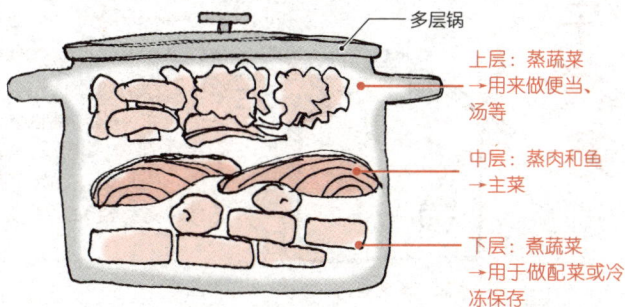

多层锅

上层：蒸蔬菜
→用来做便当、汤等

中层：蒸肉和鱼
→主菜

下层：煮蔬菜
→用于做配菜或冷冻保存

设计一条走起来就能顺路把洗好的衣服放到收纳处的高效路线（参照73页）。就算无法改变家中的格局、没办法从根本上改变动线，也可以根据自己的想法进行重新设计，从而更好地同时做多件家务。

比如可以一边听广播新闻获取信息，一边用灶台做饭，一边穿着拖把拖鞋拖地。用烤箱烤肉的时候，可以在烤盘空隙的地方放一些蔬菜一起烤。这样已经同时在做五件事了。对于这种要同时处理几件事的模式，在开始之前进行模拟非常重要。

不在家时也能做的事

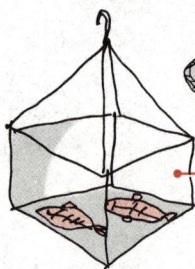

将食材晾干，既能锁住风味，也便于保存（参照 32 页）。

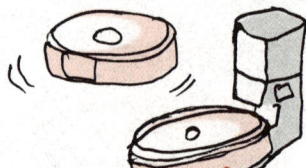

给扫地机器人设置定时工作。

将难洗的脏衣物、餐具先浸泡起来。

即使此刻在回家的地铁上……

用保温锅、电饭煲等有定时设置的设备提前做饭。

想到不在家的时候还能进行一些家务，心情也会很好。就像《格林童话》里有小人帮鞋匠做鞋一样，仿佛有个小人正在家里帮忙做家务，真的太棒了。

使用烟雾杀虫剂。

给地板打蜡，让它慢慢晾干。

积极地利用好睡觉或是不在家的时间吧。有一些家务只有我们不在家时才能做。比如那些"容易对人的身体造成负担"的事情。这些事往往不需要很频繁，比如用室内烟雾药剂通过可挥发气体进行杀虫、防霉，或是等待地板蜡变干等。

除此之外，还有很多事情虽然人在家里也能做，但非常费时间。比如熬制高汤等待食物鲜味释出的时间。这些可以提前准备起来，等到需要的时候就能直接使用。我希望能像这样有意义地利用难能可贵的时间。

睡梦中也能进行的事

制作腌菜、梅干、果醋（果酒）等能跨越季节享用的食物。

将茶、咖啡加水冲泡后放置于冰箱中。

制作高汤、醋昆布等需要长时间腌制的食物。

给豆腐控水或让贝类吐沙。

睡梦中……

次日一早或午休结束，睁开双眼的时候有些家务已经完成了。根据睡眠时间的长短，能做的事也不一样。认真考虑一下该怎么合理利用时间吧。

用保温锅烹饪。

进行面包隔夜发酵或设置好家用烘焙机。

　　为此，需要预先想好计划，所以训练自己的想象力是非常有必要的。养成将后天乃至下周要做的事在脑内反复预演的习惯。如果能够好好运用这个技能，家务就会变得越来越有趣。相反，如果什么都不提前准备好的话，就会让人越来越不安。

　　顺便说一下，装修房子的时候也最好把房子腾出来。虽然可以一边居住一边重新装修，但是我不推荐这样做。噪声和灰尘对人造成压力，而且从早上到傍晚都会不定时地有施工人员出入，容易让人感到疲惫。最好是选不在家的时间请可靠的专业人士来做。

试着制定一些规则

电器、工具

为了避免在要用的时候找不到，制定一些大家都要遵守的规则。

决定好放置延长线插座、剪刀、胶带等工具的固定位置。

把电灯泡、螺丝刀、电池等消耗品和需要经常更换的用品集中放在一处。

信件、印刷品

为每个家庭成员准备属于自己的收纳盒，各自负责管理。同时制定规则，如果收纳盒放满了就需要扔掉一部分。

装不下的就丢掉。

换洗衣物

整理衣物的场所、衣物的叠法都需要提前规划好，并规定毛巾、手帕等使用频率高的物件要放在抽屉的前端（参照114页）。

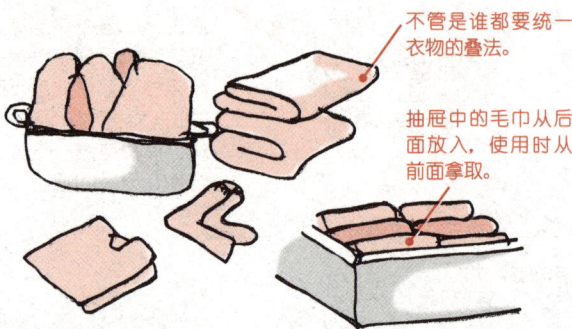

不管是谁都要统一衣物的叠法。

抽屉中的毛巾从后面放入，使用时从前面拿取。

在生活中，要坚定不移地遵守规则。可以设置一些提示点，以便在做事的时候可以随时想起家务规则，这样一来就能顺利地进行各种家务了。然后，与家人共同执行这些规则，就可以更轻松地安排时间了。

让家人参与家务是很重要的。即便有些事可能自己一个人做起来比较快，也最好拜托家人一起分担。要是家人做家务的方式和你不太一样，就算心里不太满意，也睁一只眼闭一只眼吧。此外，还有晾衣服、取衣服、叠衣服、收纳衣服的方法，如果能制定好一套流程和规则，做起来压力也会大大减轻。

衣食住行的各种规则

在冰箱里放好急救信息

把写有药品记录、常去医院等信息的纸条放到专用的容器中，再放进冰箱。日本有些地区会采取这样的方式，以便意外发生时救援队能够及时找到信息并采取相应措施。

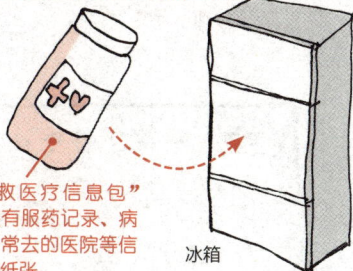

"急救医疗信息包"里装有服药记录、病历、常去的医院等信息的纸张。

冰箱

垃圾的管理方法

根据各地相关规定，确定好纸箱、废纸等需要攒一段时间再扔的垃圾存放位置，并由全家共同管理。

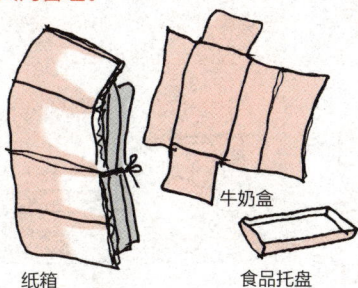

牛奶盒

纸箱

食品托盘

放书的地方

如果是爱书的家庭，可能会出现同一本新书买了三本的情况。一本书供大家轮流读的话，不仅能减少浪费，家人之间还会有更多的共同话题。

书刊

存放全家共用物品的区域

提前划分一个公共区域用于放置报纸、钥匙等物品，并明确一名管理者。这样能让每个人都知道文具、工具等物品的位置和库存。

报纸

钥匙

每个人都有自己的拿手菜

"老公做的咖喱只比专业厨师差了一点点。"会生活的人也很擅长夸奖自己的家人，让他们参与到家务中来。当自己不在家或是状态不好的时候，最好也能做出一级棒的饭菜。

丈夫的拿手菜

我的拿手菜

女儿的拿手菜

　　决定好物品放在哪里也十分重要。要告诉家里每一位成员快递、大衣、行李应该放在哪些地方，并切实执行。还可以制定一些严格的规则，譬如"几点前不收拾的话就扔进垃圾箱"之类的，这样有助于保持家中的美观，尤其是客厅这种公用空间。

　　有些退休夫妇，原本习惯了各做各的事；退休后两人同时在家的时间一下多了起来，反而产生许多新的困扰。这样的情况有很多。包括现在随着居家办公的现象越来越普遍，更多的家庭会面临类似的问题。所以更要让每位家庭成员都参与到家务中来，这样才能确保每个人都拥有属于自己的时间。

积少成多，创造时间

日常饮食中能做的事

储存好处理过的食材

如果一日三餐都要用到菜刀，需要开火，那么既浪费时间又累。只要把事先切好煮过的食材冷冻起来，做饭就会变得非常轻松。所以抽空闲时间来集中处理这些食材吧。

冰箱密封袋　分成小份冷冻

缩短切菜和煮菜的时间

制作无须思考的菜单

除了自己常做的菜，纳豆、豆腐等装盘就能吃的，还有切了就能吃的菜，都可以按照每周一次的频率放进菜单中。制订好一周的菜单（参照 4 页），每天就什么都不用想了。

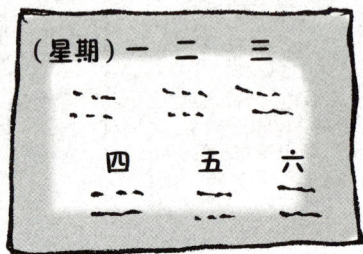

（星期）一　二　三
四　五　六

便当就做基础版的变体

每天都做不同的菜是很辛苦的。比如在鸡蛋卷中加点小银鱼，在肉卷中加入芝士等。即使基底食材是一样的，只要加入不同的配料，就能做出和昨天不一样的菜。

鸡蛋卷的变体
奶酪　紫苏　土豆
芝麻　银鱼
青菜　明太子
海苔
火腿
蘑菇

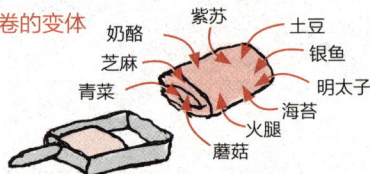

肉卷的变体
奶酪　紫苏　魔芋
西红柿　萝卜
青菜
芦笋　胡萝卜
山芋　牛蒡
蘑菇

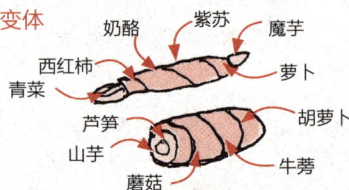

想要节省更多的时间，需要靠平时每一处细节的积累。养成习惯后，就能感受到做家务的速度明显变快了，还能找到效率更高的方式。

例如，需要炖煮的菜，会在从热到凉的过程中逐渐入味变软。所以即使没有时间煮整整 3 小时，也可以 1 天加热 3 次，每次热 5 分钟。通过间隔几个小时、多次加热的方式来让菜肴慢慢入味。然后将预先处理好的肉和蔬菜等切成小块，方便随时取用。当食材的价格很便宜的时候，还可以多囤一点冷冻储存起来，以便应对突发情况。平时冷藏一些备菜

高效做家务、布置空间的诀窍

有门 vs. 没有门

如果没有门，就能省去很多麻烦，拿取物品也很方便。需要频繁拿放物品的地方，舍弃门也是一种提高效率的方法。虽然都是不起眼的小事，但长久下来能节省不少时间。

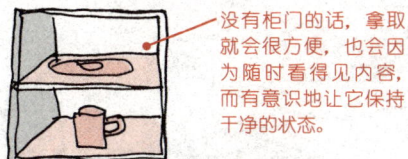

没有柜门的话，拿取就会很方便，也会因为随时看得见内容，而有意识地让它保持干净的状态。

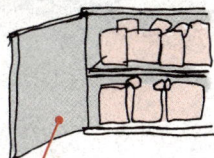

如果有门的话，就会因为看不见里面有什么而变成黑匣子……

单手、单脚就能做的事

虽然不太得体，但是用一只手把锅端到餐桌上时可以顺便用脚打开垃圾桶，用另一只手扔垃圾。不妨灵活运用各种开关和身体的各个部位。

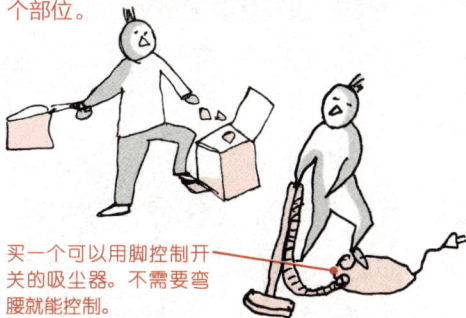

买一个可以用脚控制开关的吸尘器。不需要弯腰就能控制。

例行流程就是节奏

就像按照 1、2、3 的节奏跳华尔兹一样，"拿取、摆放、装盘""吃饭、洗碗、收拾""开门、拿取物品、关门"这些流程，都要熟练掌握。

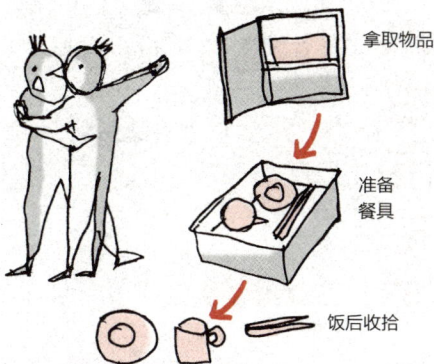

拿取物品

准备餐具

饭后收拾

创造小而齐全的空间

拥有一个像驾驶舱一样的小厨房，只需要转个身就能完成一切。

装盘

清洗

烹调

也能派上用场。

  另外，要让身体记住"开门、拿取物品、关门"这一套常规动作。例如，洗衣服也要严格执行"把衣服放进洗衣篮→晾干→拿进屋里收好，顺手拿点需要的物品出来"这一流程，让它系统化。然后，设计一条简短便捷的厨房动线，只需要转个身就能拿到。

  不过，千万别为了图方便省事，就随手把物品放在桌子上，这样只会让家里杂乱无章，还影响美观。

在前一天准备好次日要穿的衣物

睡前预想一下第二天要做的事

早上起床后要做的事，要在前一天睡前在脑海中预演一遍。根据脑科学家所说，睡前的 15 分钟相当于白天的 1 小时。所以有什么要记住的事最好都放在这段时间。

刷牙

跑步

准备早餐

检查报纸

准备晚餐

准备衣物

不要小看皮包

不要在早上临时换包或衣服。匆忙更换容易漏掉 IC 卡等必需品。

钱包、IC 卡、手账、化妆包、水壶……

在固定的地方换衣服

为了早上不慌张，事先在固定位置放好第二天要穿的衣服。最好放在穿衣镜前。

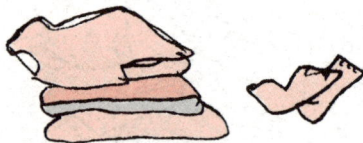

准备好应对多变的天气

确认天气预报后，准备第二天的衣服。

盛夏!!

大雨!!

小时候，父母每天都会让我提前把第二天要用的课本放进书包里。但是长大之后，不知从什么时候开始，再也没有提前一天准备过次日要用的物品。其实大人反而更需要养成提前一天准备的习惯。

为了更有意义地度过早上的时间，可以前一天在脑内提前预想一下第二天要做的事，做好准备。这样一来，起床后就能立马执行，也不会因为花时间到处找东西而打乱计划。这样还能够避免一些意外发生，比如到了早上才匆匆忙忙地把物品塞进包里，忘记放钱包和 IC 卡等情况。

多做一件厨房小事，让明天更轻松

睡前擦拭厨房

睡觉前清理并擦干水槽，可以防虫防霉，也会让心情更加舒畅。擦完把抹布丢进专用洗衣机，第二天出门前只需按一下清洗按钮。

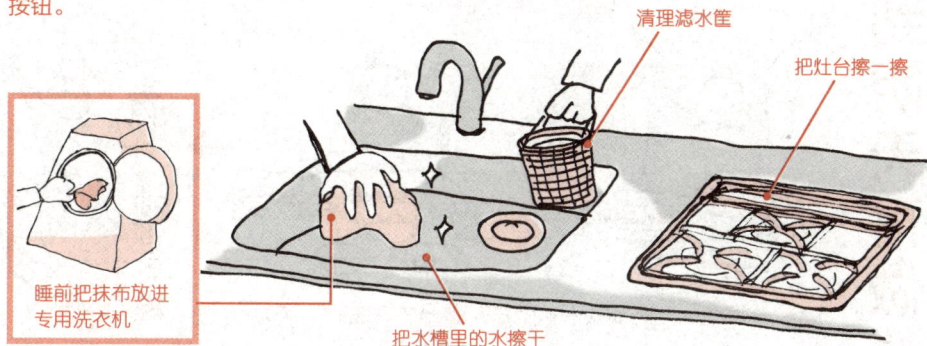

清理滤水筐

把灶台擦一擦

睡前把抹布放进专用洗衣机

把水槽里的水擦干

让早餐吃得舒心的方法

像酒店的早餐套餐一样摆盘。只需要花不到一分钟的时间，一整天都能心情舒畅。

准备第二天的饭菜

把干香菇等第二天要用到的干货提前用水泡发。花时间让食材泡水变回原状会让它们更加美味。冷冻过的食材也放入冷藏室慢慢解冻。用微波炉直接解冻的话，口感会变差。

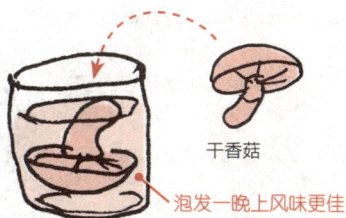

干香菇

泡发一晚上风味更佳

　　偶尔也会有没心情考虑次日安排的时候，更需要提前为自己挑选鲜亮的衣服，在包里放一些能让人心情变好的零食。或者更换一下早餐的菜单，稍微花点时间，尝试一些新的花样。提前为第二天早上做好准备，让明天的自己变得更开心，从早上开启美妙的一天。

吃不完用不完的就留到第二天

凡事留一口

虽然从小吃饭时就被教育："不许剩饭，全都吃完！"但留下一点菜也会让第二天的
餐桌更丰富。可以把剩菜放在小碟子里作为第二天的前菜。少吃一口还能减轻体重，
何乐而不为呢？（一定要注意存放时间！）

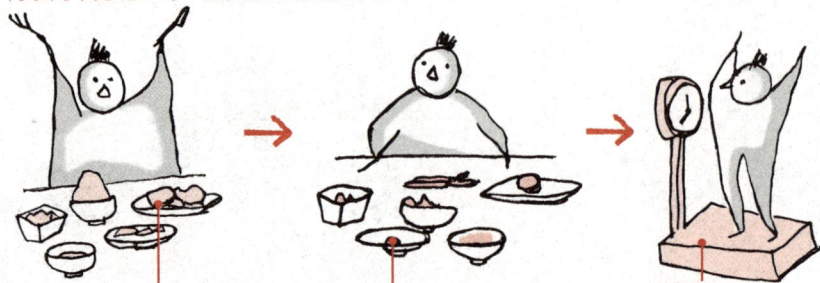

虽然大份美食令人心情愉快……　　吃不完时也不要勉强吃，可以剩点　　体重减轻很高兴

留一口的乐趣

在漂亮的餐具里摆放好几
份剩下的小菜，再放一点
香草叶、紫苏花、葱、野
姜、山楂等四时配菜做点
缀，就会变成一道漂亮的
待客前菜。

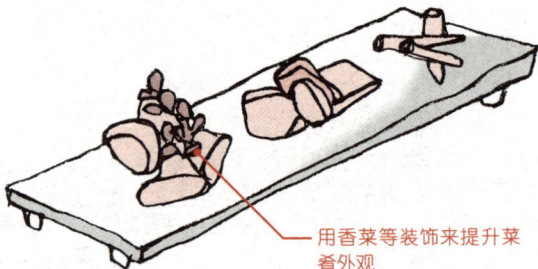

用香菜等装饰来提升菜
肴外观

留一点汤汁

煮过的汤汁不要倒掉，下
次再用。从食材中熬煮出
的汤汁，二次利用时风味
会更浓郁。

食材　　汤头

做菜时加入新食材
熬出来的汤汁

第1遍　　　　　　　　　　　　　第2遍

有一些日常家务比如擦干净水槽，或在一天结束时打扫完再睡觉等，
如果不做就会像不卸妆就睡觉一样，是不能拖到第二天的。

但有的食材如果留到第二天再处理反而会增添惊喜。那就是饭菜。
比如不要把高汤或者菜的汤汁用完，留一些下来。它们会让你第二天做
饭不用从零开始。

另外，煮菜炖菜和剩下来的少量凉拌菜，也可以改刀切成可以一口
一个的小块，盛进小碟子里，作为前菜。只需要换一下容器，或换一种
方式装盘，就会变成一道新的菜肴。或者将剩下来的菜换一种方式烹饪，

二次加工，为第二天增添乐趣

将剩菜二次加工

把剩下的菜二次加工就会变成一道新菜。把它们看作事先处理过的食材就好了。比如炖羊栖菜①，可以凉拌、煮汤、用春卷皮包起来炸，或者用明胶凝固后做成凉菜等，做出很多种花样。

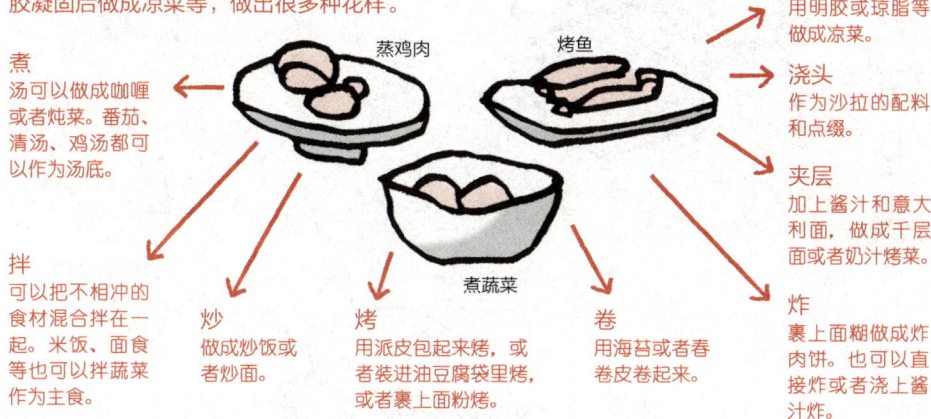

蒸鸡肉

烤鱼

煮蔬菜

凝固
用明胶或琼脂等做成凉菜。

浇头
作为沙拉的配料和点缀。

夹层
加上酱汁和意大利面，做成千层面或者奶汁烤菜。

炸
裹上面糊做成炸肉饼。也可以直接炸或者浇上酱汁炸。

煮
汤可以做成咖喱或者炖菜。番茄、清汤、鸡汤都可以作为汤底。

拌
可以把不相冲的食材混合拌在一起。米饭、面食等也可以拌蔬菜作为主食。

炒
做成炒饭或者炒面。

烤
用派皮包起来烤，或者装进油豆腐袋里烤，或者裹上面粉烤。

卷
用海苔或者春卷皮卷起来。

剩余食材的混合方法

可以将剩余的食材进行多种混合。比如在剩菜中加入土豆泥，摊平放入烤箱烤，或者做成蔬菜冻等。法国料理中有一种做法是，在面糊上放几层蔬菜和点心后进行烤制，近年来这种做法也十分流行。

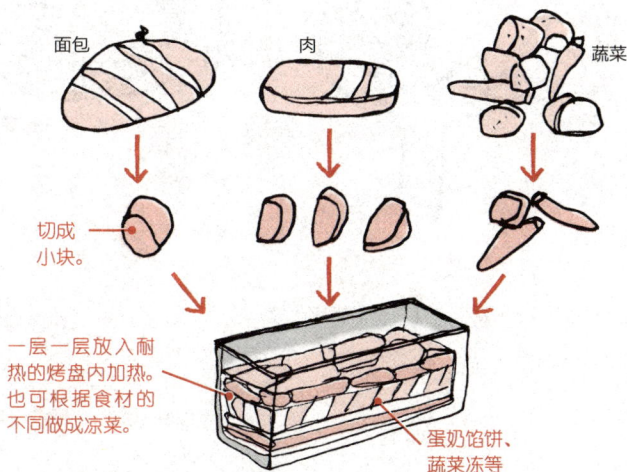

面包

肉

蔬菜

切成小块。

一层一层放入耐热的烤盘内加热。也可根据食材的不同做成凉菜。

蛋奶馅饼、蔬菜冻等

加入其他食材进行混合，也会产生前所未有的新发现。

不过需要注意的一点是，千万别忘了及时利用剩下的那一口饭菜。虽然每餐留一口有助于控制体重，但要是任由这些剩菜堆满冰箱，没有及时吃掉的话，就本末倒置了。

每天产生的污渍不能留到第二天清理，但一些不能随随便便或是慌慌张张处理的事情，不如等到时机成熟，放到第二天再做。

① 一种海藻，日本料理中经常用到。

哪怕不费时也绝不能做的事

这种省时间的做法，危险！

快递员来了……

突然下起了大雨，急着去收衣服……

"……嗯？有烧焦的味道吗？"为了避免这样的情况发生，要养成使用定时器提醒自己火还开着的习惯。

当锅在灶上烧着的时候偏偏……

不知不觉看书入迷了……

再没有时间也绝对不能离开火！万一发生燃气泄漏或是火灾，后果不堪设想。但是，匆匆忙忙地回到家，开了火时却偏偏遇到快递员上门，或是突然下雨要去收衣服等让人心急如焚的意外状况，也是不可避免的。

在 做任何事之前都要做好充分的准备，养成先冷静思考再动手的习惯。要是急急忙忙一赶回家就想一口气把所有事都立刻做完，反而容易搞得一团糟，最后返工的可能性也会更大。

收拾的时候如果不一件一件好好整理，就容易乱上加乱，最后半途而废。弄脏还算小问题，要是引起火灾或者损坏了贵重物品，就会造成无法挽回的后果。所以我们要认识到，不是所有事情都要追求快速省时。

万不得已离开灶台的时候……

在万不得已要离开烧着火的灶台时，先留下正在烧火的提醒信号。希望大家都能够养成打开火后自动做好这一步的习惯。

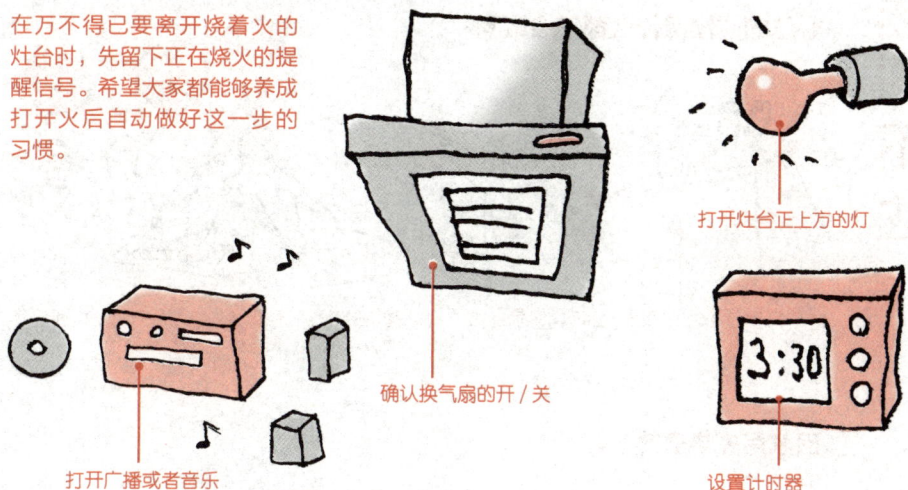

打开灶台正上方的灯

确认换气扇的开 / 关

打开广播或者音乐

设置计时器

避免为了节省时间却造成更多麻烦

不要把桌子弄乱

为了方便，随手把物品就近放置，很容易在不知不觉间摆满。

椅子不是用来放物品的

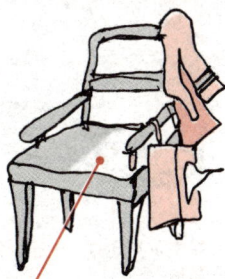

如果临时把衣服和包挂在椅子上，椅子就没法坐了。

　　首先最不能做的事就是开火时离开灶台。如果有非离开不可的情况，请设置一个定时提醒器。播放音乐也是一个有效的方式，让自己形成"音乐在播放说明火还开着"的认知。

　　为了方便，把物品随手放也是不可以的。不能总是把物品堆在椅子上，或是随手把调味料放在餐桌上。门或是架子如有损坏，也不能拖着不修。一定要高度准确地把物品放在它们该在的地方。

欲速则不达

避免突发事件发生

心急的时候做什么都不会顺利

想把柜子深处的物品拿出来，结果全碰掉了⋯⋯

想同时做好几件事情，结果所有的工作都半途而废。总之，先冷静下来吧。

回家后先烧壶热水吧

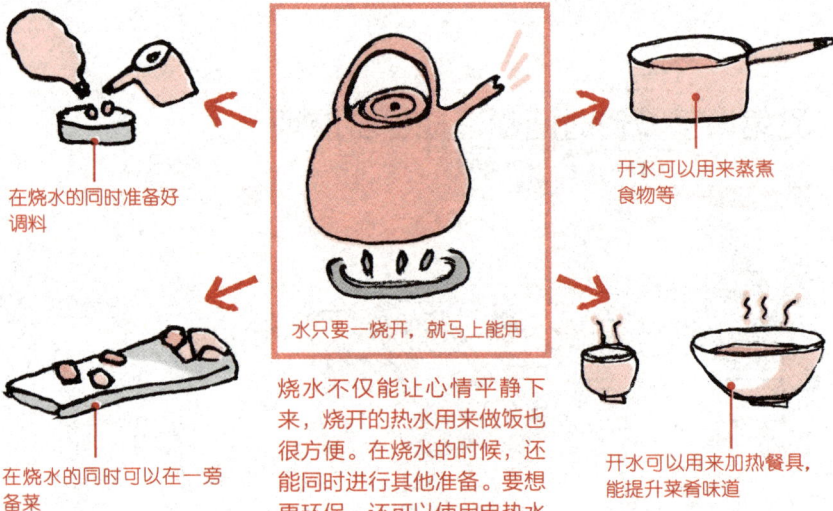

在烧水的同时准备好调料

在烧水的同时可以在一旁备菜

水只要一烧开，就马上能用

烧水不仅能让心情平静下来，烧开的热水用来做饭也很方便。在烧水的时候，还能同时进行其他准备。要想更环保，还可以使用电热水壶或者 IH（电磁加热）水壶。

开水可以用来蒸煮食物等

开水可以用来加热餐具，能提升菜肴味道

即使制订好了一周的计划，能够按时回家，也会有很多时候因为预料之外的情况而打乱原计划。比如无意义的电话突然打来，订阅的报纸上门收钱，或是买的生鲜快递突然到了，需要马上拆箱切成小块冷藏或冷冻保存，还需要处理快递箱等。等到反应过来时已经过去半个多小时了。这种情况下，我们也要用积极的心态对待这些突发事件，能够从容地对自己说"欲速则不达"。在这种计划被打乱的时候，只需要把事先准备好的食材端上桌就好了。

理想与现实的差距

PM 7:00 回家

理想：轻松从容还有时间

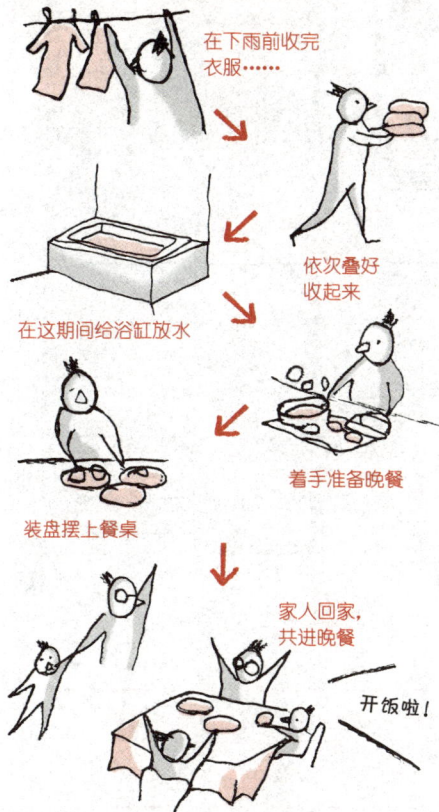

在下雨前收完衣服……

在这期间给浴缸放水

依次叠好收起来

着手准备晚餐

装盘摆上餐桌

家人回家，共进晚餐

开饭啦！

现实：匆忙而徒劳的延续

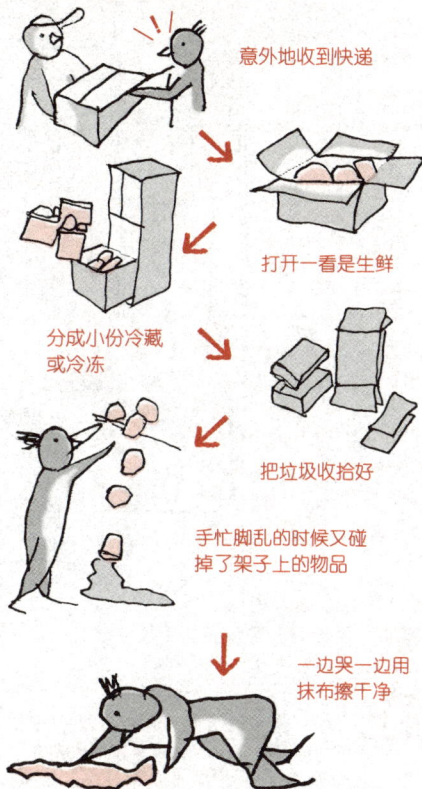

意外地收到快递

打开一看是生鲜

分成小份冷藏或冷冻

把垃圾收拾好

手忙脚乱的时候又碰掉了架子上的物品

一边哭一边用抹布擦干净

　　回家后可以先烧开水。急急忙忙赶回家，在搞得一团乱之前不妨先烧个水，让心情平静下来，再冷静地思考下一步要做什么。或者给食材腌上调料后再开火下锅，好过下锅后再手忙脚乱地倒调料，弄得到处都是。

　　有时候想要一次性把物品全拿出来，反而容易招致"大灾难"。如果不一件一件事慢慢做，事情永远都做不完。

以厨房为指挥台的动线规划

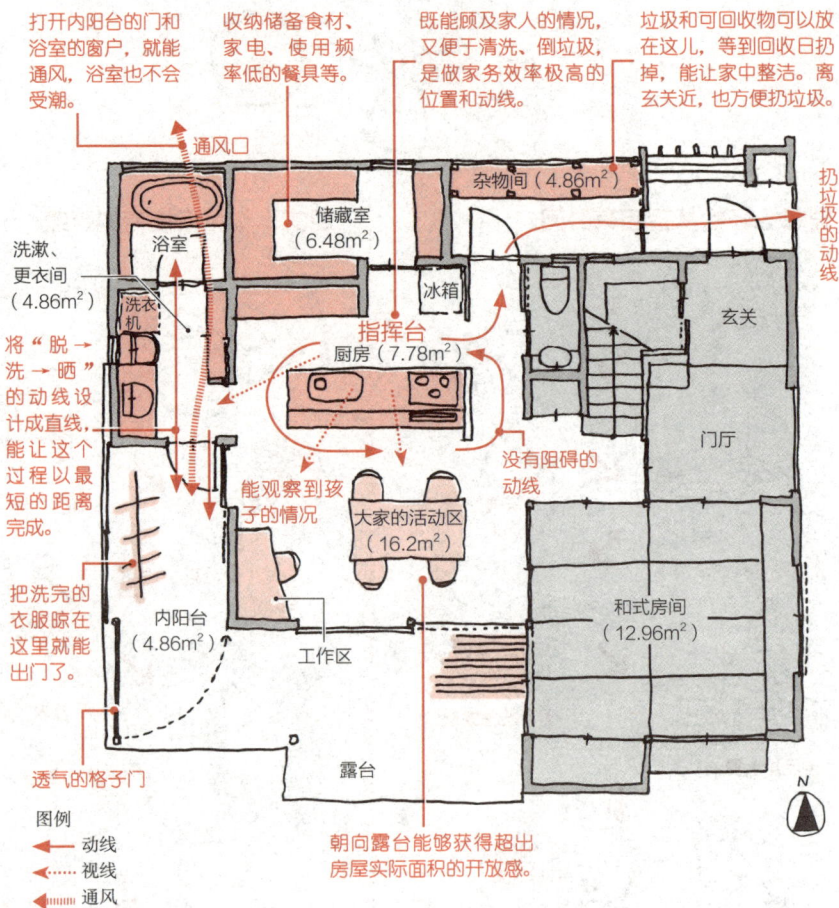

打开内阳台的门和浴室的窗户，就能通风，浴室也不会受潮。

收纳储备食材、家电、使用频率低的餐具等。

既能顾及家人的情况，又便于清洗、倒垃圾，是做家务效率极高的位置和动线。

垃圾和可回收物可以放在这儿，等到回收日扔掉，让家中整洁。离玄关近，也方便扔垃圾。

扔垃圾的动线

通风口

储藏室（6.48m²）

杂物间（4.86m²）

浴室

冰箱

玄关

洗漱、更衣间（4.86m²）

洗衣机

指挥台
厨房（7.78m²）

门厅

将"脱→洗→晒"的动线设计成直线，能让这个过程以最短的距离完成。

没有阻碍的动线

能观察到孩子的情况

大家的活动区（16.2m²）

和式房间（12.96m²）

把洗完的衣服晾在这里就能出门了。

内阳台（4.86m²）

工作区

透气的格子门

露台

N

图例
←── 动线
←···· 视线
←‖‖‖ 通风

朝向露台能够获得超出房屋实际面积的开放感。

把厨房作为指挥台，规划一条能够把控全局的动线。只要按照动线绕厨房一圈，就能顺畅地完成洗碗、倒垃圾、备餐做饭等事。同时也能通过余光把握家人的情况，便于沟通。（本书的"1叠"按照1.62m²换算。）

实际上，在设计住宅布局的时候就可以开始考虑如何有效节省时间了。首先是关于育儿家庭的两个方案。现在，双职工养育孩子的家庭有很多。由于总是很忙碌地跑来跑去，我们也许是最迫切想要节省时间的一代。

说到底，和家人一起生活就意味着必须与他人协调合作，即使感情再好也会互相产生不利影响。在这种情况下，同时做家务的便捷性成为关键。成为家庭生活中心的人（通常是母亲）会把厨房设置在能够俯瞰

把厨卫动线设计成直线的有效规划

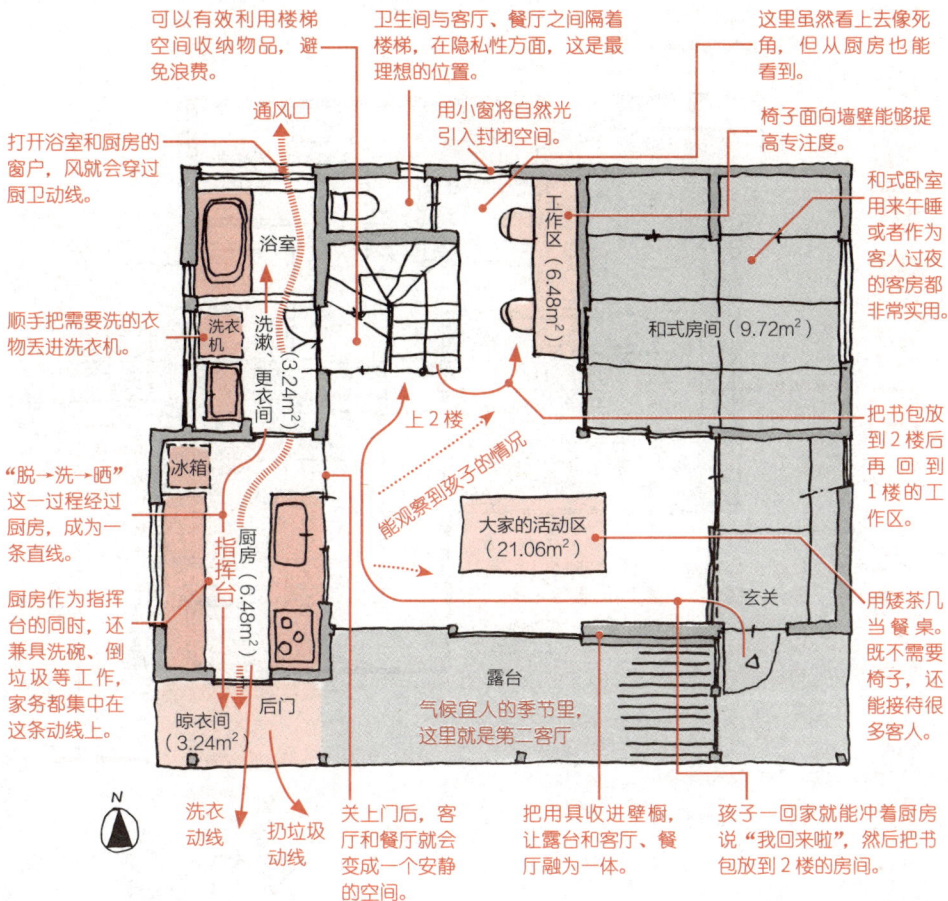

可以有效利用楼梯空间收纳物品，避免浪费。

卫生间与客厅、餐厅之间隔着楼梯，在隐私性方面，这是最理想的位置。

这里虽然看上去像死角，但从厨房也能看到。

打开浴室和厨房的窗户，风就会穿过厨卫动线。

通风口

用小窗将自然光引入封闭空间。

椅子面向墙壁能够提高专注度。

浴室

工作区
（6.48m²）

和式卧室用来午睡或者作为客人过夜的客房都非常实用。

顺手把需要洗的衣物丢进洗衣机。

洗衣机

洗漱、更衣间
（3.24m²）

和式房间（9.72m²）

"脱→洗→晒"这一过程经过厨房，成为一条直线。

冰箱

上2楼

能观察到孩子的情况

把书包放到2楼后再回到1楼的工作区。

厨房作为指挥台的同时，还兼具洗碗、倒垃圾等工作，家务都集中在这条动线上。

指挥台

厨房
（6.48m²）

大家的活动区
（21.06m²）

玄关

用矮茶几当餐桌。既不需要椅子，还能接待很多客人。

晾衣间
（3.24m²）

后门

露台

气候宜人的季节里，这里就是第二客厅

N

洗衣动线

扔垃圾动线

关上门后，客厅和餐厅就会变成一个安静的空间。

把用具收进壁橱，让露台和客厅、餐厅融为一体。

孩子一回家就能冲着厨房说"我回来啦"，然后把书包放到2楼的房间。

厨房虽然是独立的，但把厨卫的动线连成一条直线是一个能大大提高家务效率的方案。即使在厨房做饭也能看到孩子写作业。把厨房的门拉上，也不会打扰到客厅和餐厅，这样即便有客人突然来访也不会手忙脚乱。

全局的位置，让家人和时钟都能在视线范围内。然后，在顺畅地完成家务的同时，也要让其他家庭成员各司其职，让他们也参与到家务事中。

这两个方案都是以厨房为住宅的中心，在厨房忙碌的人就像站在指挥台上一样能够看到家务计划的全局。特别是第一个方案，厨房的巡回动线很顺畅，也不会影响到其他动线，多个家庭成员都能畅通往来。准备好早餐后配餐、打开洗衣机、倒垃圾，然后在这期间各自洗脸、上厕所等，早上的各种事项都能同时进行，对于时间宝贵的育儿一代来说，这样能够更高效地利用时间。

BEFORE：又冷又暗，家务效率低

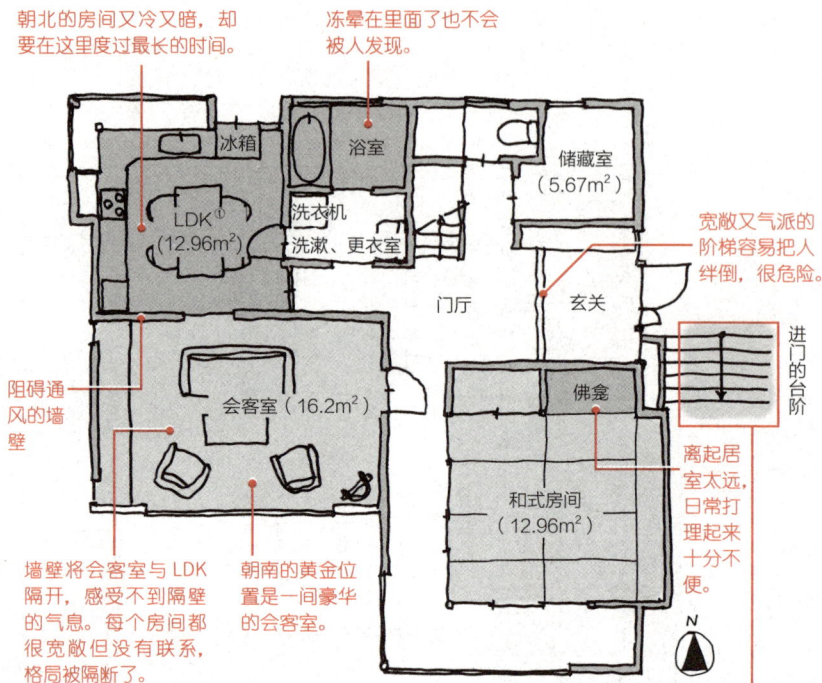

朝北的房间又冷又暗，却要在这里度过最长的时间。

冻晕在里面了也不会被人发现。

冰箱

浴室

储藏室（5.67m²）

LDK①（12.96m²）

洗衣机

洗漱、更衣室

门厅

玄关

宽敞又气派的阶梯容易把人绊倒，很危险。

进门的台阶

阻碍通风的墙壁

会客室（16.2m²）

佛龛

离起居室太远，日常打理起来十分不便。

墙壁将会客室与LDK隔开，感受不到隔壁的气息。每个房间都很宽敞但没有联系，格局被隔断了。

朝南的黄金位置是一间豪华的会客室。

和式房间（12.96m²）

N

每个房间都宽敞又气派，但最佳位置却是一间会客室。厨房和洗浴等生活空间都在阴冷的北侧，格局也不通风。

22cm

楼梯坡度很大，上下楼很辛苦。想出门都得犹豫一下。

退休年龄不同却被统称为"老年人"的退休人员，其实有很多身体还很硬朗。终于卸下重担，可以开始享受属于自己的时间了。虽然也有夫妻一起行动的时候，但很多老年夫妻喜欢跟各自的朋友一起做些喜欢的事，一定的时间和空间的距离有助于保持夫妻关系的稳定。

毕竟退休之前，两个人都是自由地支配着各自的时间，退休后突然整天都待在一起的话，关系反而可能变得紧张，甚至还会发生争执。所以，

① LDK 指的是起居室（living room）、餐厅（dining room）和厨房（kitchen）的缩写，代表一种客餐厨一体化的房屋布局。

AFTER：给自己一个舒适的归宿

由于爬到高处很危险，所以没有安装任何吊门。燃气灶也是下拉式控制，操作方便（参照 62 页）。

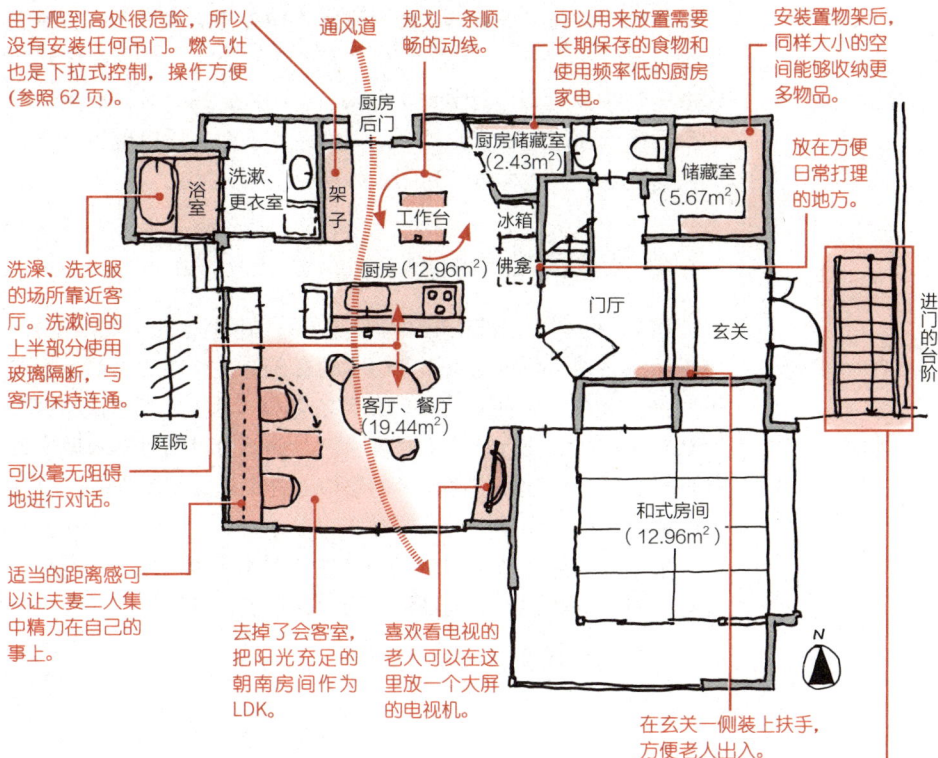

通风道

规划一条顺畅的动线。

可以用来放置需要长期保存的食物和使用频率低的厨房家电。

安装置物架后，同样大小的空间能够收纳更多物品。

厨房后门

厨房储藏室（2.43m²）

储藏室（5.67m²）

放在方便日常打理的地方。

浴室

洗漱、更衣室

架子

工作台

冰箱

佛龛

洗澡、洗衣服的场所靠近客厅。洗漱间的上半部分使用玻璃隔断，与客厅保持连通。

厨房（12.96m²）

门厅

玄关

进门的台阶

庭院

客厅、餐厅（19.44m²）

和式房间（12.96m²）

可以毫无阻碍地进行对话。

适当的距离感可以让夫妻二人集中精力在自己的事上。

去掉了会客室，把阳光充足的朝南房间作为 LDK。

喜欢看电视的老人可以在这里放一个大屏的电视机。

在玄关一侧装上扶手，方便老人出入。

N

适老改造是为了让老年夫妇能够在最舒适的空间里长期生活。创造一处既可以做自己喜欢的事，又可以感受到彼此存在的地方，还能让做家务变得更加轻松。

22cm

把 1 步台阶的高度改为……

15cm

1.5 段台阶的高度

将坡度放缓并在两侧设置扶手。这样进出更方便，亲友也更愿意来。

生活中适当的空间和礼节是保持关系和谐的要点。为此，既要能感受到对方的存在，也要有自己的独处空间，有一个能够自在相处的地方。这十分重要。

　　由于老年人更倾向于将老房子翻新，而不是购买新房，所以接下来我会介绍一对 70 多岁的夫妇如何将他们的住所改造成一个舒适、安全且令人愉快的家。可以看一下改造前后的对比。在原来的设计中，宽敞气派但使用频率低的客厅占据了朝南的好位置，而重要的日常生活区域如厨房和卫生间却集中在日照不佳的北侧。因此，为了更舒适地居住，他们改造成"LDK 一体化"的设计，将餐厅、厨房和客厅融为一体，移动到家中最舒适的区域，并确保空气流通，同时也能让夫妇感受到彼此的存在。

向生活达人取经①

作为一名住宅设计师，我会遇到各种各样的客户。即使他们认为自己"很普通"，但每个人都有自己的个性。作为设计师和生活者，我从他们那里学到了很多。有时候，我会对他们在忙碌的生活中如何高效而丰富地利用时间感到钦佩。所以也想介绍一些从这些生活达人那里学到的一些窍门。

有很多想做的事

例如，想要慢慢阅读的书籍、想要写的信件、想去的展览会、想探访的店铺、想看的电影和想听的音乐会，这些活动都是不在家时抽空完成的。如果你平时就对心愿清单保持一定的敏感性，比如在工作会面或等待会面时有空闲，你就可以随时随地做出各种选择。这样，除完成必须做的事情之外又达成了某个心愿，这一天的满足感就会变高。

另外，我还养成了随时记下想法（接收到的信息）的习惯。并且，对于那些在忙碌的日常生活中容易被埋没的心愿，我正在一点一点、实实在在地实现它们。

心愿清单

读书、看电影、节日问候、毛线编织、想去的店……
生活达人不会让想做的事被忙碌所淹没。

购买有理念的商品

比如在购买圣诞礼物时会选择公平贸易或联合国儿童基金会的商品，或者在购物时考虑到回收利用、本地自产自销、环境负担等因素。我们要知道，当我们不再仅追求"便宜、快捷"时，每个消费者的小小努力都能形成一场运动。而且，绝不去强迫他人接受这些观点，也不以此自夸。

了解可靠的外包资源

为了有意义地利用时间，要知道如何将自己无法完成的事情以何种方式、何种成本委托给合适的人。确保在需要的时候，能够获得来自"专业人士"的人力资源支持，并按照预期完成任务。日常的交往沟通方式很重要，这样才能在关键时刻获得帮助。

懂得将送礼物作为一种表达方式

乍一看这似乎与时间管理无关，但实际上关系重大。你是否有过在需要回报别人时不知所措，结果错失时机的经历？即使你有这份心意，如果无法传达给对方，

送礼物也是一种展现自我的方式，
实际上对节省时间也有帮助。

就没有意义。有时候，你可能在选择礼物时犹豫不决，最终什么也没做，或者在网上漫无目的地搜索半天，最后只订了一个平平无奇的礼物。而生活达人则拥有很多礼物选择。他们擅长选择符合对方个性的、能够让对方感到贴心的礼物。礼物是自我表达的一种方式，所以在什么时机送什么礼物，都会反映出送礼者的个性。平时可以多留心自己收到什么礼物会感到高兴，并记住这些细节。

知道如何放松的秘诀

如果你每天都把时间安排得紧巴巴的，有时候可能会想要深深地叹一口气。如果那小小的叹息能让你在下一步中更有活力，那么掌握如何巧妙地放松自己就变得非常重要。

简单地说，恢复活力的方法之一就是吃一些小小的甜食，享受美味的茶点。生活达人们知道如何用高质量的方式宠爱自己（但要注意，像薯片这样容易上瘾的食品是危险的）。

洗洗手也是一个好方法。离开座位，用带有宜人香气的肥皂洗洗手，这可以改变你的心情和周围的空气。或者干脆出门去散散步——步行能够帮助人放空头脑，转换心情。

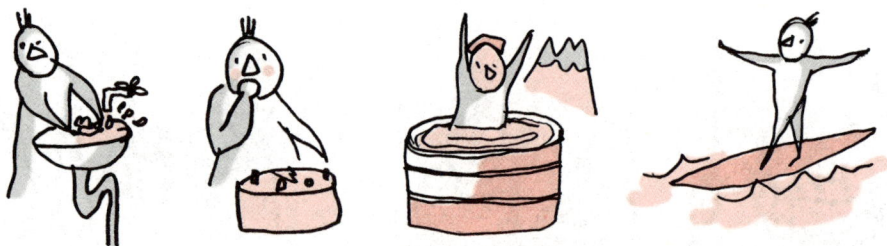

户外活动、泡澡、吃点心。
哪怕是去趟洗手间，也是一种休息。

第二章

——————

认真且不浪费时间的
厨房时间压缩术

晒干后口感更好的食材

模仿传统的智慧

把食材晾干后可以增添其美味和营养价值，还能压缩其体积，便于储存和使用。晾到半干也够用了，所以在晾晒的过程中直接取下来烹饪也是很方便的。晾晒的时候使用不锈钢等金属或是竹子等自然材料制成的容器会更美观。

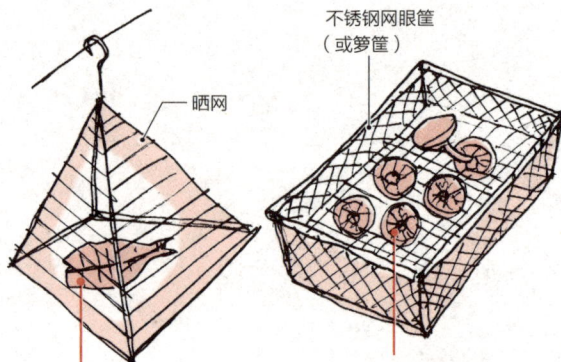

晒网

不锈钢网眼筐（或笋筐）

鱼类晒干后能长期保存。可以在价格便宜的时候买一些来做成鱼干保存，以备不时之需。

以干香菇为代表的菇类

萝卜干的形态

在室内晾晒萝卜可能会产生异味，需要注意通风。

干萝卜丝

宫城县特产肚脐萝卜干

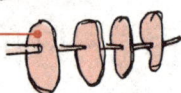

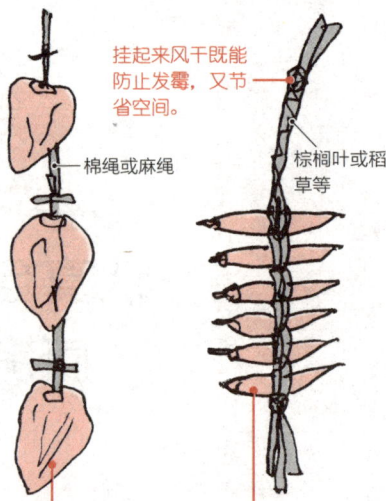

纵向切开晾干

整个晾干

挂起来风干既能防止发霉，又节省空间。

棉绳或麻绳

浓缩了果味和甜味的柿饼，是古人的智慧。

棕榈叶或稻草等

8～10月份，随处都能买到的生辣椒。

在上一章（参照 8～11 页）中提到过同时开工，尤其是厨房里有很多可以同时处理的事情，以及能够容纳很多件事同时进行的场所。"晾晒"就是个很好的例子。食材需要花时间晾干来获得更丰富的风味。由于花了足够长的时间和大量精力，所以烹饪出的味道当然会比新鲜蔬菜更加浓郁。

不过需要注意的是，要具备审美意识。即便只是晾干食材和器具，也要尽量避免使用不美观的工具。虽然需要提前准备，但花点心思能让你拥有更加美丽的生活空间和更加丰富的烹饪食材，同时还能节省时间。

工具也要边晾边用

充分利用沥水架和开放式架子

这些地方没有门，所以能够在收纳器具的同时很快使其干燥。正因如此，我们使用的厨房用具和置放方式才更需要注重设计和外观。

没有门，能够兼具晾干功能的开放式架子

可以将厨具悬挂或者摆放在沥水架上

肉桂、香草等

月桂叶等

干香菇、干贝、鱼干等

把干货等能常温保存的食材装瓶摆放在架子上

利用 S 形挂钩和横杆

把厨具悬挂在容易拿到的地方晾干非常方便。像刷子、抹布、砧板等容易被水弄湿的东西更需要注意晾干方式。

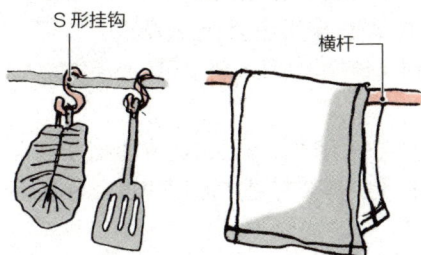

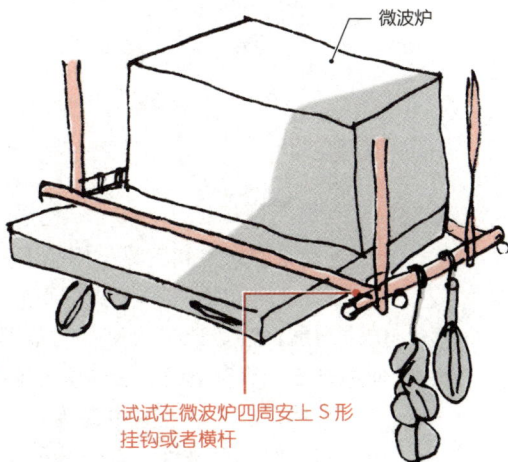

S 形挂钩

横杆

微波炉

试试在微波炉四周安上 S 形挂钩或者横杆

常用家电的新的可能性

电饭煲

面包发酵

电饭煲蛋糕

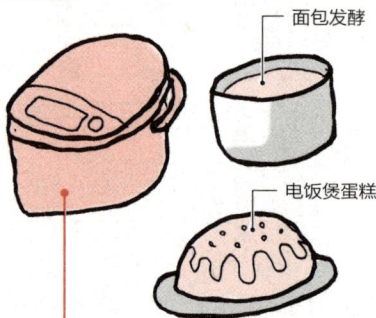

电饭煲还能用来保温烹饪、发酵酒曲或面包。虽然比不上明火煮出来的美味，但是有定时功能，就算是糙米也能轻松煮熟，这就是它的魅力所在。

电热水壶

温泉蛋

水煮蛋

甜米酒

利用保温功能制作温泉蛋、酸奶、甜米酒等也很方便。能够长时间保持一定温度的功能，可以开发出各种可能性。

※ 电热水壶、电饭煲的新用法并非生产厂家推荐，使用风险需自行承担

微波炉

使用硅胶餐盒，不需要保鲜膜，还能减少垃圾产生

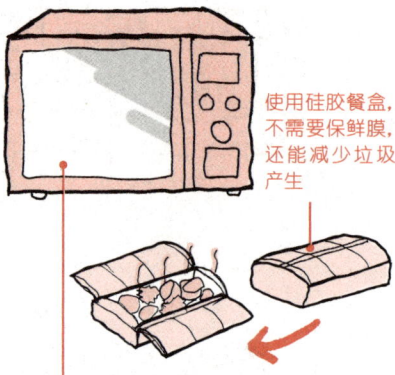

除微波炉外还有烤箱、蒸锅等设备，使用时注意不要弄混使用的容器。由于这类电器放置时需要与墙壁或其他家具保持一定的距离，所以要留出足够的空间。

烤箱

铸铁锅或烤架平底锅

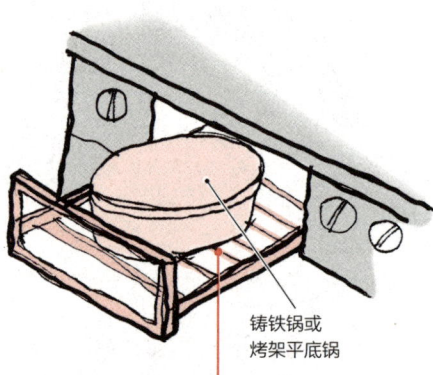

西班牙蒜香料理或法式油封料理这类需要用油煮的菜肴怎么做都不会失败。把柑橘皮、茶叶渣、蔬菜切剩的部分等放进去，不仅能够散发淡淡的香味，还能减少厨余垃圾。

我们希望家电和工具类用品不止一种用途，而是能够具备多种使用方式。有句话叫："工具好不好用，取决于用法。"也就是说，发挥人的主观能动性可以扩大烹饪的范围和可能性。所以我们要精心挑选那些使用方便、节省空间、多功能的家电。

当然，也有一些家电专为某个特定的用途服务，这类专业型家电也很不错。但一般来说，多功能的家电和工具会有更广的用户选择和更多的使用场景。

多功能工具和家电的使用方法

用烤箱烤鱼

用烤箱烤面包自不必说，其实肉类、鱼类、蔬菜或者想要焦一点的焗菜都可以做。

用深汤锅代替烧水壶

深汤锅用途十分广泛，除炖菜、煮汤、煮意面，还可以用来煮或者蒸蔬菜，或者烧大量开水。

可以一次性烧两壶水

锅铲、厨房夹、厨房剪刀

锅铲可以将使用后的锅或者保鲜盒清理干净。前端有弯曲的锅铲更易贴合容器的形状将残渍铲净，非常方便。

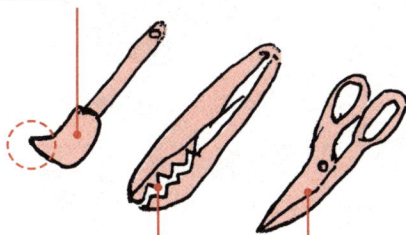

厨房夹不仅可以在炸食物的时候使用，还能给水果榨汁。

厨房剪刀除了可以剪开食材，还能充当开瓶器和开罐器。

用手持搅拌器制作酱汁和汤汁

可以把搅拌器直接放入锅、杯子或瓶子中使用，非常方便。不占地方，拿取方便，清洗简单。

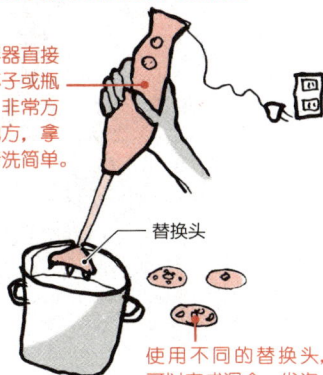

替换头

使用不同的替换头，可以完成混合、发泡、粉碎等不同的任务。

入手后更方便的专用工具

沙拉脱水器

蔬菜沥水的效果非常显著。充分沥干蔬菜上的水分，味道会有显著的提升。

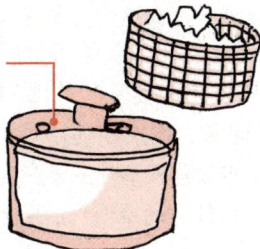

滤油壶

专门用来过滤油的工具。有过滤器型的，也有通过黏土粉末来吸附杂质的。我更倾向于后者，因为它不仅可以重复使用，还能减少垃圾。

时间会帮我们做好准备

只需要浸泡在水里……

蜂斗菜

茄子

蔬菜去涩

海带

木鱼花

迷迭香

百里香

小鱼干

浸泡香料或者茶叶

浸泡海带、木鱼花、小鱼干等

让水来慢慢激发出食材的美味。由于无须用火加热，所以也不会产生涩味和杂味。

有些事只需做好准备工作，剩下的交给时间就好。比如给食材去涩和脱水、制作干货等就是很好的例子。在这个过程中，如果能够让食材的风味变得更丰富浓郁，充满层次感，那就是锦上添花了。

烹饪时，有很多食材都需要靠时间来激发其"鲜味"和"甜味"。只需把它们放在一边，交给时间帮你完成。在这期间还可以抽空去做其他事情，从而节省时间。由于这些事不需要使用煤气（火）或电力（家电），所以也不会消耗能源。自己亲手制作代替去超市购买，还能感受到成就感。

借助时间的力量保存食材

保存的种类　腌渍、晒干等工序只需要放着不管，就能把食材变成一道美味佳肴，还能保存很长时间，所以一定要在生活中多多使用。

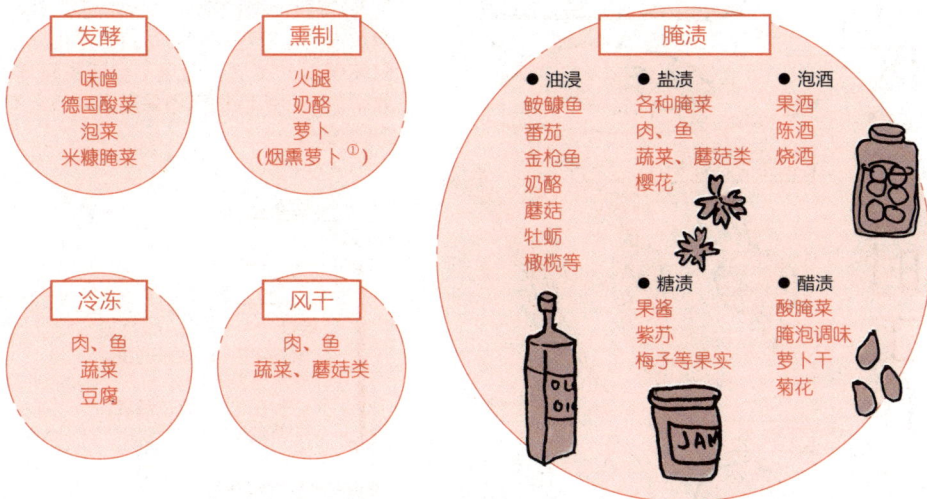

发酵
味噌
德国酸菜
泡菜
米糠腌菜

熏制
火腿
奶酪
萝卜
（烟熏萝卜①）

腌渍

● 油浸
鲅鳅鱼
番茄
金枪鱼
奶酪
蘑菇
牡蛎
橄榄等

● 盐渍
各种腌菜
肉、鱼
蔬菜、蘑菇类
樱花

● 泡酒
果酒
陈酒
烧酒

● 糖渍
果酱
紫苏
梅子等果实

● 醋渍
酸腌菜
腌泡调味
萝卜干
菊花

冷冻
肉、鱼
蔬菜
豆腐

风干
肉、鱼
蔬菜、蘑菇类

实用的食材保存日历　自己制作能够长期保存的食物，既可以控制盐分，又不会像市面上卖的食品那样添加防腐剂，食材和用料都更令人放心。

1月	3月	5～6月	8月	11月	12月
腌白菜	果酱（草莓果酱、橘皮果酱）、蜂斗菜味噌	梅子加工、紫苏糖浆、萝卜干、糖醋腌生姜、干笋、花椒盐和佃煮②用的花椒	罗勒酱、番茄酱	萝卜加工、柚子加工（柚子胡椒、果酱、柚子醋、柚子味噌）	味噌制作

梅雨时节的梅子加工

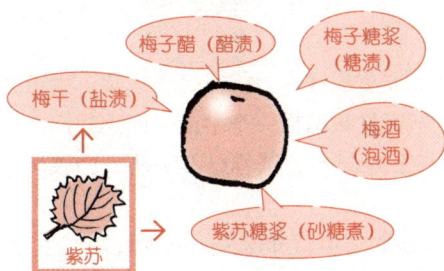

梅子醋（醋渍）
梅子糖浆（糖渍）
梅干（盐渍）
梅酒（泡酒）
紫苏糖浆（砂糖煮）
紫苏

初冬时节的萝卜加工

糖醋腌萝卜（醋渍）
紫菜鱼粉拌饭料（风干＋炒）
沢庵渍腌萝卜（风干＋盐渍）
干萝卜丝（风干）

---

① 烟熏萝卜（Iburigakko）是日本秋田县的一种传统腌制食品，特点是将萝卜通过烟熏的方式进行干燥处理，再用米糠、盐等调料进行腌制。

② 花椒佃煮（山椒佃煮）是日本的一种将新鲜花椒用酱油、砂糖、酒等进行炖煮的传统做法。

锅内分区，同时工作

叠放炖煮能节省更多时间，带来更多美味

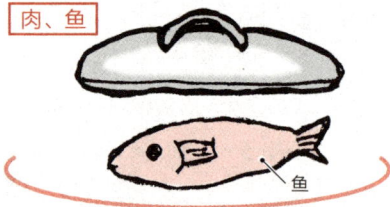

肉、鱼

鱼

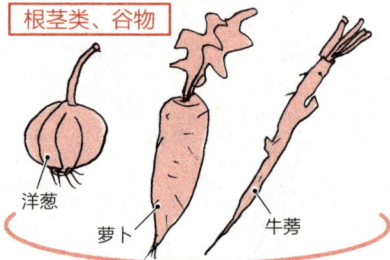

根茎类、谷物

洋葱　萝卜　牛蒡

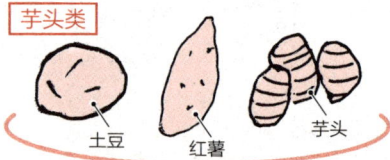

芋头类

土豆　红薯　芋头

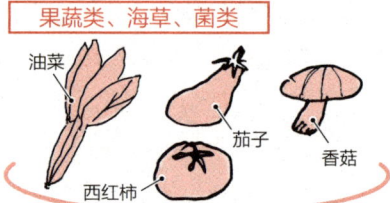

果蔬类、海草、菌类

油菜　茄子　香菇　西红柿

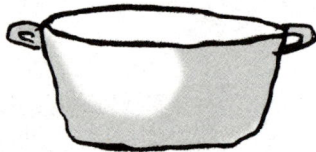

在东方的阴阳调和烹饪法中，会用阴和阳来区分食物，蕴含着冬日暖身、夏日解暑的智慧。虽然我不是这方面的专家，但是按照这个理论对食材进行分层，不仅能够提升美味，而且不会流失营养，效率很高，所以适当地采用可以节省不少时间。

叠放方法

阳

暖身
・根茎类等向下生长的蔬菜
・含水分少的食材
・生长在寒冷地区的蔬菜
・冬季应季食材

碰撞出新的美味

阴

解暑
・向上生长的蔬菜和菌类
・含水分多的食材
・生长在温暖地区的蔬菜
・夏季应季食材

根据阴阳将食材按顺序摆放在一起烹饪，阴阳平衡才能发挥出食材本身的味道。当然也可以如左图所示，将食材层层叠放，进行炖煮，或是进一步加工，做成咖喱、炖菜、汤、意式烩菜（Aqua Pazza）、法式普罗旺斯炖菜（Ratatouille）、日式筑前煮、土豆烧肉等。另外，在叠放炖煮的基础上，也可以参考下页的方式进行部分应用。

　　烹饪的时候，不仅可以像做咖喱或炖菜那样一口锅只做一道菜，也可以用一口锅同时做好几道菜。不要把锅当作一个平面，而是把锅内看作一个多层的空间。然后再利用一下时间差。试着思考一些不会破坏食材特性的烹饪技巧吧。

　　这样不仅能够高效地利用时间，还能避免营养流失，减少垃圾产生，既经济又环保。多做几次之后，你就能感受到思考的乐趣。要是不进行多层烹饪，甚至会感到很浪费。

平面、立体同时进行

多层烹饪也能应用在备菜和储存中

便当里的配菜，已经做好的菜、晚餐。试试把几样配菜叠在一起煮。习惯之后就可以进阶，利用多层烹饪来进行食材的预处理，底部的汤汁可以作为第二天的高汤，顶部还可以放一层蒸菜。

主菜

剩下的汤汁一部分用来做味噌汁或者汤。

煮熟后腌渍保存的食材。

稍微用水煮一下，冷却后冷冻保存。

再蒸一下用来做便当和配菜。

给平面的锅进行分区

在平底锅这种平面上也可以达到同时烹饪的目的，熟练之后就会形成习惯，非常方便。比如，只需要在煎鸡蛋的旁边，再放点番茄、花椰菜和香肠，就能完成一道漂亮的菜肴。

蔬菜区 1（比如用盐、胡椒调味的食物）

肉类、鱼类区（香肠、培根、鳕鱼、青花鱼等）

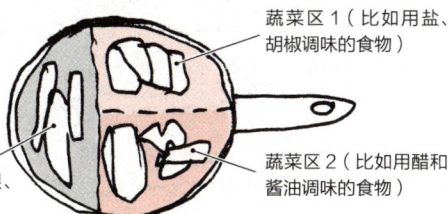

蔬菜区 2（比如用醋和酱油调味的食物）

煮菜汤汁和淘米水的多种用途

规划好煮菜的顺序

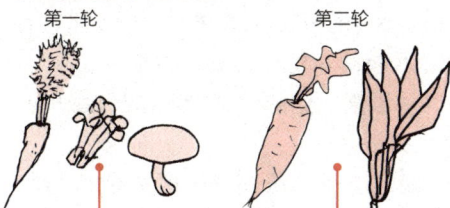

第一轮

第二轮

先煮不容易产生浮沫的蔬菜，用滤网将浮沫捞出。如胡萝卜、油菜、水菜、蘑菇等。

用剩下的汤汁煮那些会产生较多浮沫的蔬菜，可以节省时间和能源。如牛蒡、白萝卜、菠菜、蜂斗菜等。

用处很多的淘米水

淘米水

给蔬菜焯水可去除苦涩

给盆栽浇水

给猪肉等肉类焯水

擦地和洗碗

将同时进行的想法进行发散，可以想出很多种淘米水的用法。淘米水具有清洁功效，还可以用来洗碗。

根据手感和设计感来选择锅具

适合短时间使用的不锈钢多层锅

双份加热

可以把其他锅放在上面进行保温。

可拆卸的手柄

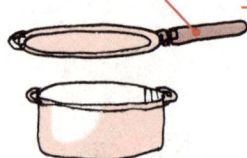

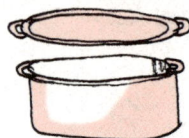

大小不同的三口锅可以摞在一起

也可放进烤箱

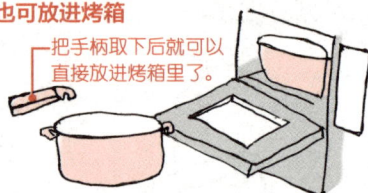

把手柄取下后就可以直接放进烤箱里了。

蒸煮用的底托和蒸篮

每天的备餐一目了然

当天的菜肴

第二天的备菜

第三天的备菜

夏天只要稍微加热一下就能直接放进冰箱了。

锅盖和锅底都是平的，所以可以像这样摞起来。

有的锅只要卸下手柄就可以直接把整只锅放进冰箱，非常节省空间（参照 43 页）

锅具会占据空间，所以不仅要精心挑选使用起来方便的，还要更节省空间的锅。不然光是看到乱七八糟的厨房，就没有心情做家务了。我自己经常使用可以堆叠的不锈钢多层锅。它的设计简单，外观好看，而且可以直接放入烤箱，这些特点我都很喜欢。

厨具的发展日新月异，新产品层出不穷，但关键还是要看怎么用。因为它们不是一次性用品，所以要仔细考虑如何制作食谱、如何利用时间、如何加热，从而找到适合自己的那一款。

锅具加热和保温方式的对比

无水烹饪锅

盖子也可以作为平底锅来使用。虽然比较重，但这就是无水烹饪的独到之处。

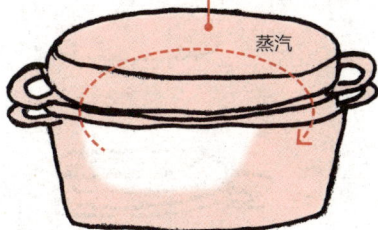

蒸汽

无水烹饪是利用食材中的水分进行烹饪，这样一来食材中的风味和营养就不会流失。日本产的"无水锅"价格适中，结实耐用。兼备煮、焯、焖、炒、煎、蒸、炸等多种功能。

保温用具和保温烹饪锅

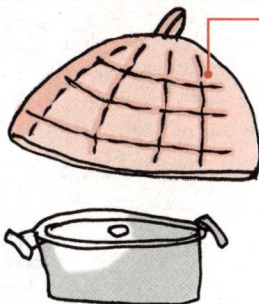

"锅帽子"就是一个做成帽子形状的罩子，用来给饭菜保温

也可以用布或毛巾代替。英国在很早以前就开始使用一种叫 Tea Cozy 的茶壶保温罩为茶壶保温。此外还有膳魔师的 Shuttle Chef 系列"真空保温料理机"可供选择。

铸铁珐琅锅

铸铁珐琅锅用于慢慢加热，所以不容易把食材煮烂，最适合用来炖煮食物。很多锅的外形都设计得很好看，所以做好后可以直接连锅一起端上餐桌。不仅省了餐具，还能成为很受关注的餐桌主角（参照 42 页）

荷兰烤箱

在锅盖上方放一些炭火，可以上下同时进行加热。在户外也非常实用。

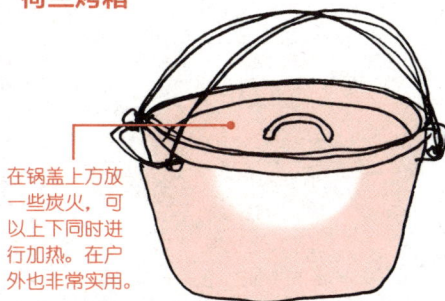

多由铸铁锅制成，虽然保温性不如保温锅、铝合金锅和高压锅，但坚固耐用，盖子具有一定压力，食物的鲜香不会流失。还能够用来熏制（空烤），使用起来不用太过小心翼翼，也是它的魅力所在。

电压锅

有的锅甚至具有编程功能

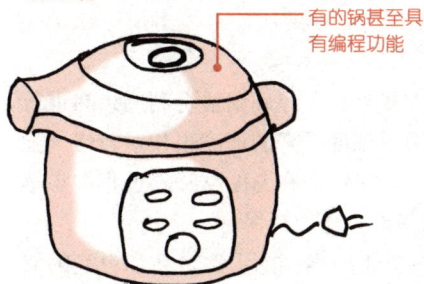

如果不放心家里老人的用火安全，建议使用没有明火的电动炊具。这种电压锅具有保温功能，即使过了一段时间，锅里的菜肴依然热乎乎的。

高压锅

能够在短时间内煮熟食材。对于把骨头炖软非常实用，但是烹饪豆子和土豆等容易煮烂的食物就不太合适。（参照 43 页）

厚底锅（铸铁珐琅锅）的对比

由于铸铁珐琅锅是在铸铁锅的内外，涂烧了高温烧制的玻璃瓷釉，也就是搪瓷，因此具有很好的耐久性和保温性。最适合用来做炖菜，往往也设计得很漂亮，可以连锅一起端上餐桌。

珐宝

酷彩

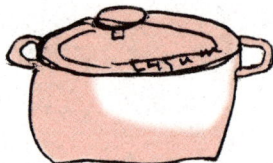
猎人

唯米乐

品牌	STAUB（珐宝）	LE CREUSET（酷彩）	CHASSEUR（猎人）	VERMICULAR（唯米乐）
产地	法国	法国	法国	日本
锅盖、把手	金属	树脂（烤箱需设定温度）	树脂（烤箱需设定温度）	树脂（烤箱需设定温度）
是否易烧焦	否	是	是	是
是否易粘锅	是	否	否	否
珐琅是否易脱落	否	否	否	否
是否易产生裂痕	否	是	是	是
是否易缺损	是	否	否	否
外层/内层	3层/3层	2层/2层	2层/2层	2层/2层
配件	—	保温罩	—	—
清理（是否易洗涤）	外侧光滑有光泽，内侧有细小的凹凸，手感粗糙	涂层厚而结实，内外都光滑有光泽	涂层厚而结实，内外都光滑有光泽	涂层厚而结实，内外都光滑有光泽

这几款锅具均可在明火、烤箱、电磁炉和煤气灶中使用，但不可在微波炉中使用。不建议进行熏制等空烧行为。虽然经过防锈处理，但长期使用仍有可能生锈。需要注意，珐琅材料如果从冰箱取出后立即置于明火之上可能会导致开裂。这几种锅具的重量、容量、价格区间均无明显差别，根据易清洁性及设计偏好选择即可。

挑选锅具的一种方法是根据加热方式来选。厚底锅适合利用余热进行烹饪，即使把它从灶台上取下来，温度下降的速度也相对较慢（如果配合使用保温用品等，效果会更好）。味道会在温度下降的过程中渗透到食材中，不需要人在旁边盯着，效果好，还很环保。

　　高压锅的特点是可以在短时间内快速加热。由于食材会在更高的温度和压力下烹饪，所以在忙碌时也非常有用。它也适合烹饪那些平时需要长时间炖煮的大块肉类，或者想要把骨头也煮软的时候。

厚底锅（不锈钢多层锅）的对比与高压锅的对比

不锈钢多层锅的对比

在保温性能高但不易导热的不锈钢中，加入容易导热的铝的多层构造，具有受热均衡、余热效果好的特点

尽管都是厚底锅，铸铁珐琅锅虽然漂亮，但却很重。上了年纪的人，拿取和盖盖子都会很费劲，这点上相对轻便的不锈钢多层锅就方便多了。

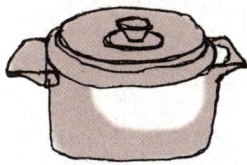

VitaCraft

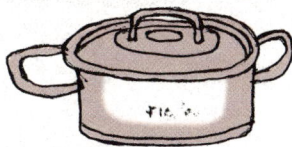

CRISTEL　　　　　geo PRODUCT　　　　　Fissler

品牌	VitaCraft （唯他锅）	CRISTEL （克丽丝塔）	geo PRODUCT （宫崎制作所）	Fissler （菲仕乐）
产地	美国	法国	日本	德国
锅盖（把手、旋钮）	树脂＋不锈钢固定	可拆卸	固定	固定
烤箱是否可用	不可	可用	可用	可用

不锈钢多层锅有不同品牌、不同尺寸可供选择。它的魅力在于比铸铁珐琅锅更加轻便，但要是想要连菜带锅一起端上桌，就还是得投铸铁珐琅锅一票。以上品牌中，只有 CRISTEL 的锅能叠放。不仅可以节省空间，可单独购买配件进行更换的优点。

高压锅的对比

高压锅是将锅进行密封加热，通过增加内部压强来提高沸点。通过高温、高压强来实现快速烹饪，能够短时间内煮熟食材。

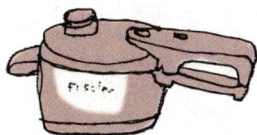
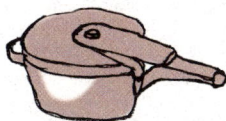

菲仕乐　　　　　　WMF　　　　　　魔法料理　　　　　　T-fal
「Vitavit Premium　「Perfect Plus 压力锅　「魔法快速料理 ZQ 系列　「Clipso Minut Easy
　4.5L」　　　　　　4.5L」　　　　双手压力锅 5.5L」　　　　4.5L」

品牌	Fissler （菲仕乐）	WMF （福腾宝）	Wonder chef （魔法料理）	T-fal （特福）
产地	德国	德国	日本	法国
把手	单手	单手	双手	双手
限压阀	弹簧阀	弹簧	重力阀	重力阀
气压	2.2	1.9	2.38	0.64
重量 /kg	2.6	3.1	2.8	2.2

高压锅的限压阀有重力阀和弹簧阀两种，建议初次使用者选择重力阀，因为蒸汽会使托盘摇晃，能让人知道锅内正在烹饪。就算是单边手柄的设计，另一侧也多有一个小提手，所以也能双手使用。至于安全性和锅盖的开合情况，两种类型没有太大差异。

不擅长整理就将物品"可视化"

"可视化"的好处是减少找东西的时间

O

在进深较浅的置物架上将物品并列摆开，一览无余，便于管理库存。

X

把物品塞进柜子深处，根本不知道里面都有些什么……

将抽屉或储藏室"可视化"，使用起来更方便

放在最底层的物品用箱子收纳好，打扫时只需要把箱子挨个抽出清理即可。

使用频率较高的厨具放在不带门的架子上，收拾起来更简单。

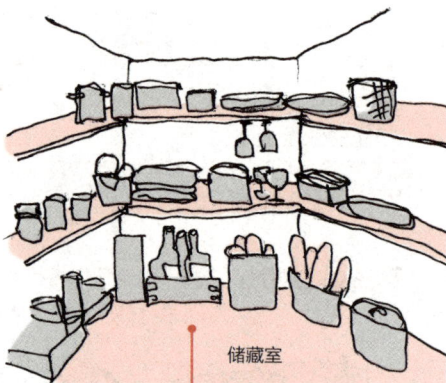

储藏室

步入式储藏室。空间很大，可以容纳各种餐具和食品自由摆放，就像个巨大的包袱皮。（参照48～51页）

年纪大了，就会像"骑驴找驴"的笑话一样，在找东西这件事上花很多时间。让物品能够被看到，是节省寻找时间的第一步。眼睛的处理能力与大脑直接相连，可以在动手的同时安排下一步行动。让物品能够清楚而整齐地摆放，与在穿衣轻薄的春夏季节要努力减肥的道理是类似的。如果不喜欢打扫，就试试将物品"可视化"。此外，让规则"可视化"也很有用。比如，把需要补充的食材清单共享给每一位家庭成员，让家人共同决定睡前谁来擦洗水槽等，可以避免让某一个人一直操劳。

"缩短家务时间"的第一步：建立厨房的共同规则

餐具等物品的固定位置和收纳方法

盘子和碗要
叠放收纳。

杯子杯
口朝上

葡萄酒开瓶器、瓶起子这
种临时找不到会很麻烦的
物品更要放在固定的位置。

垃圾袋和购物袋的整理方法

把袋子叠成大小差不多的
样子放到固定的容器里，
看上去会更干净整洁。

湿垃圾要处理到位

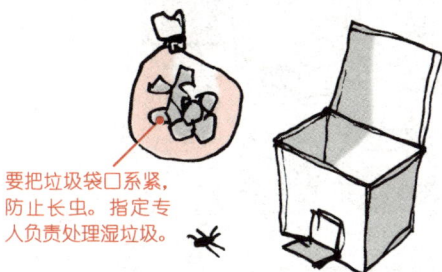

要把垃圾袋口系紧，
防止长虫。指定专
人负责处理湿垃圾。

洗锅的步骤

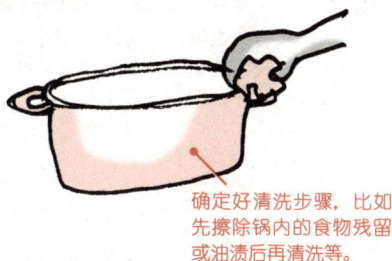

确定好清洗步骤，比如
先擦除锅内的食物残留
或油渍后再清洗等。

睡前保证餐桌上空无一物

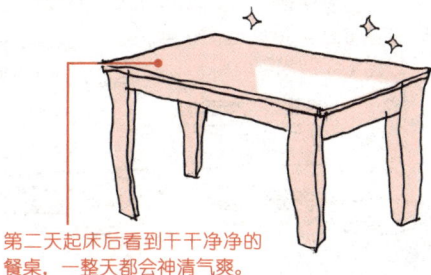

第二天起床后看到干干净净的
餐桌，一整天都会神清气爽。

用它来擦除灶台污渍

可以把旧衣物剪下来作为抹
布，用废品回收换来的厕纸擦
拭灶台等。

洗过的抹布的叠法

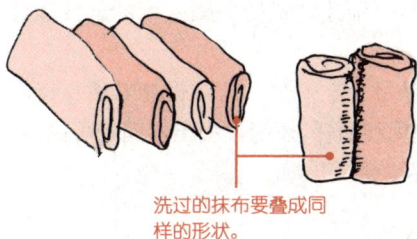

洗过的抹布要叠成同
样的形状。

脏抹布不要攒很久再洗

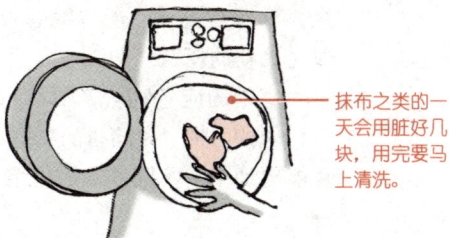

抹布之类的一
天会用脏好几
块，用完要马
上清洗。

准备充分方可安心

将储备工作日常化

和邻居、朋友一起凑单

比较重的物品可以通过能送货上门的生鲜平台或网购平台下单。和邻居或朋友一起凑单可以买到更多不同种类的东西，享受不一样的乐趣。

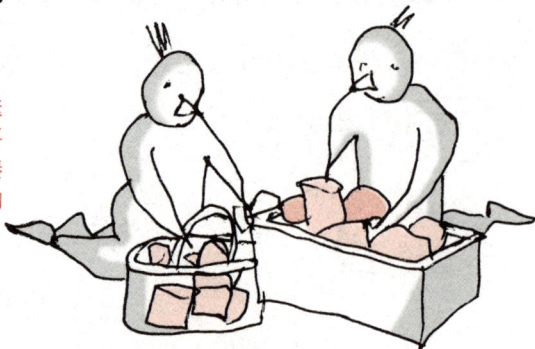

提前储备罐头、瓶装食品

可以购买一些从来没用过但很感兴趣的食材。选择罐头或者瓶装食品，保质期通常比较长。当制订菜单遇到困难的时候，它们会派上用场。

有意识地助力地区扶持产品

可以找一些对灾区重建、城乡振兴、残障人士支援有助力的商品进行购买。如果有的话，无论是对胃还是对心灵都有好处。

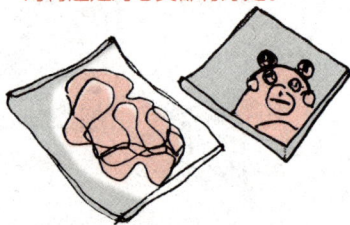

灵活利用速食

可以一个月吃一次储备的速食，尝尝味道。如果有比较喜欢的，除了应急，平时也可以做来吃。

从防灾应急的角度来说，物资储备是很有必要的。但是，并不推荐按箱购买——虽然这样比较划算，但考虑到住宅每平方米的单价或租金，反而会更贵。所以我想要摸索出一种让物资储备融入生活，并能够时时更新的模式。

家中的应急物资，可以每周或是每月吃一次，这样也能养成保持防灾意识的习惯。对储备的物资进行使用和消耗，还能发掘出不同的可能性，也能更加了解不同的地域风情，眼界也会更开阔。

储存每天的饭菜和应季食材

应季的水果和蔬菜装罐

时令水果可以做成果酱，应季的番茄和洋葱等蔬菜也可以简单加工后装瓶保存。

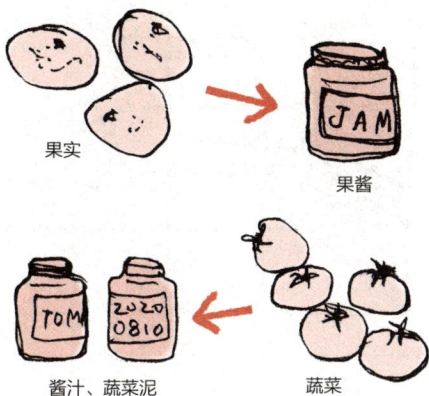

果实

果酱

酱汁、蔬菜泥

蔬菜

积极储备干货

平时会大量食用的食材，可以在价格便宜的时候集中购买，然后晒干保存。这样全年都能用，每样都是很棒的配菜。

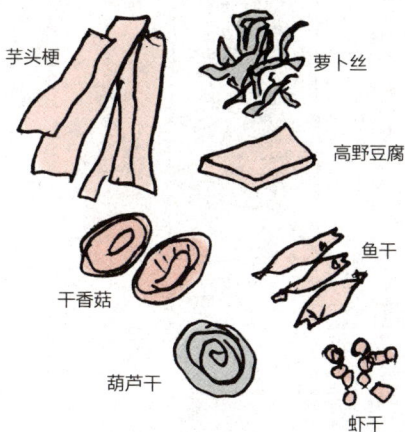

芋头梗

萝卜丝

高野豆腐

干香菇

鱼干

葫芦干

虾干

在合适的地方保存

食物的储存场所主要有3处。不同的食品要放在不同的地方分类管理：有的是需要靠时间增加风味的腌渍品，有的是需要保持新鲜状态的冷冻品，还有需要注意温度和通风的食物等。

储藏室（架）

果酒、梅子糖浆、蕌头、果酱等配料

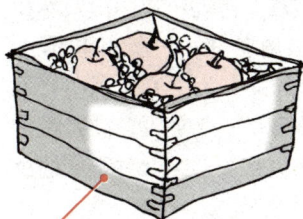

苹果、橘子、根茎类蔬菜、罐装啤酒、干货等

冰箱

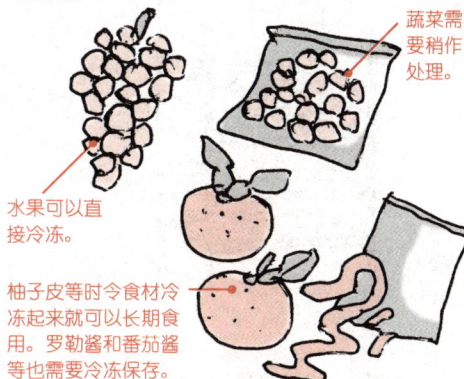

蔬菜需要稍作处理。

水果可以直接冷冻。

柚子皮等时令食材冷冻起来就可以长期食用。罗勒酱和番茄酱等也需要冷冻保存。

阴凉处

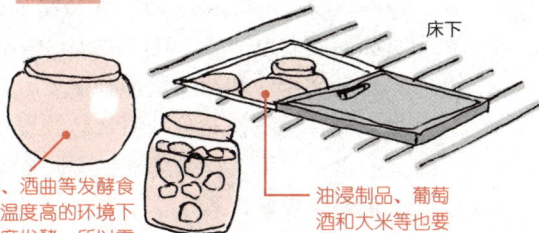

床下

味噌、酒曲等发酵食品在温度高的环境下会过度发酵，所以需要在阴凉处存放。

油浸制品、葡萄酒和大米等也要存放在阴凉处。

首先考虑面积和形状

步入式储藏室

面积只有壁橱的一半也够用

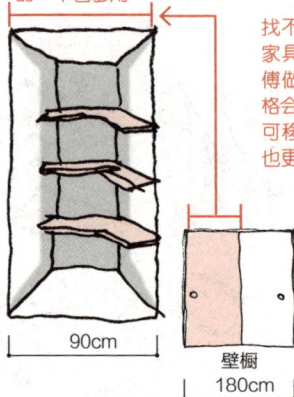

找不是专门做家具的木匠师傅做架子，价格会比较合理。可移动的架子也更方便。

不仅一目了然，还没有家具的限制，可以根据自己的喜好随意调整，非常方便。

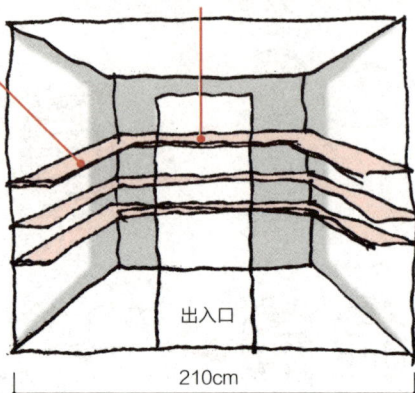

90cm

壁橱
180cm

出入口

210cm

成品食品架

在"厨房可视化（参照44页）"中也很有用

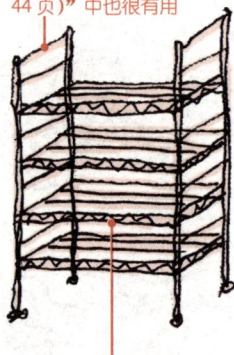

空着的地方只需要放上这种成品的架子就可以了。

穿过式储藏室

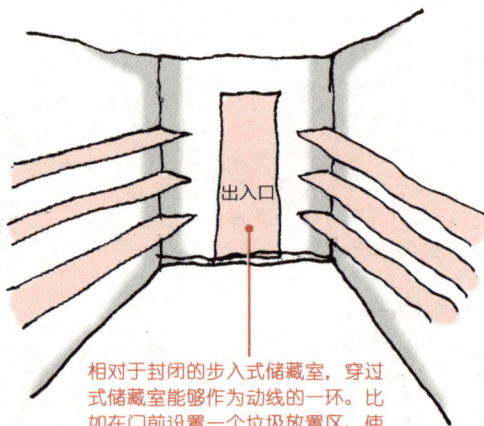

出入口

相对于封闭的步入式储藏室，穿过式储藏室能够作为动线的一环。比如在门前设置一个垃圾放置区，使用起来会更加方便。

食品储藏室或院子、储物间等如果和厨房相连的话，日常生活会更加灵活。如果居住在房价或租金高昂的大城市，把超市作为冷藏库和食品库就最为经济。但住在郊区的话，还是积极地考虑一下这个问题吧。

其实厨房和冰箱里都有很多不需要收纳的物品。为了有效利用有限的空间，让我们充分利用食品储藏室吧。如果拥有一个菜园，需要经常保存食物，那么食品储藏室就非常重要。第50页将会介绍几种不同的食品储藏室规划方案。

想放进储藏室的物品

使用频率低的家电

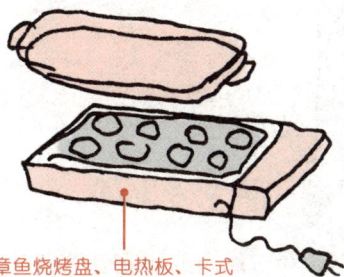

章鱼烧烤盘、电热板、卡式炉等

不需要放进冰箱的根茎类蔬菜

放在冰箱里会坏得更快的土豆、红薯、莲藕等，只需要放在通风的阴凉处，再用报纸包起来防潮即可。

常温保存的食品和调味品囤货

常温保存下，会随时间变得更美味的果酒和保存食品。

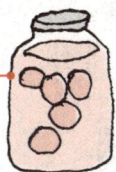

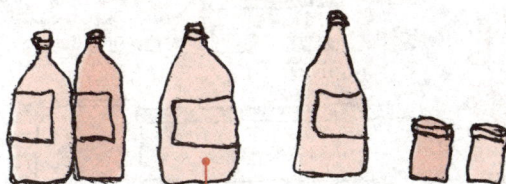

调味品和罐头类囤货

干货、干燥食品

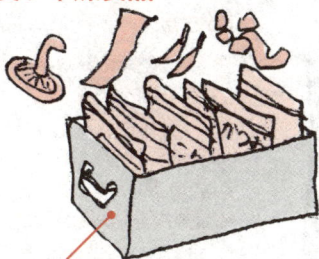

小份分装会很杂乱，所以最好集中存放在盒子里。

逢年过节的礼品

点心

苹果

橘子

啤酒

因为很占地方，所以最好能放进储藏室。别忘了在箱子外标明里面的内容。

平时不用的时令、节日用品

注意!

收进箱子里后，要在箱子表面写上物品名。如果藏得太深，就很容易忘记使用，所以最理想的是只摆两列。物品的摆放也要好好思考，比如考虑到有发生地震的可能性，要把易碎器皿放在架子的下方等。

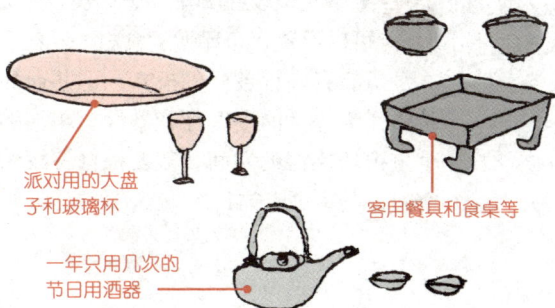

派对用的大盘子和玻璃杯

一年只用几次的节日用酒器

客用餐具和食桌等

从方便出入的角度考虑

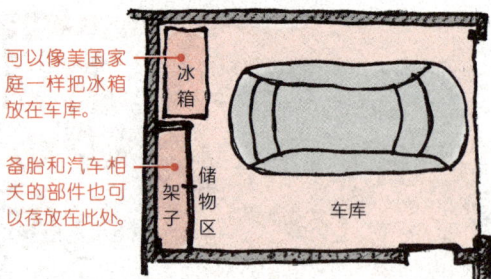

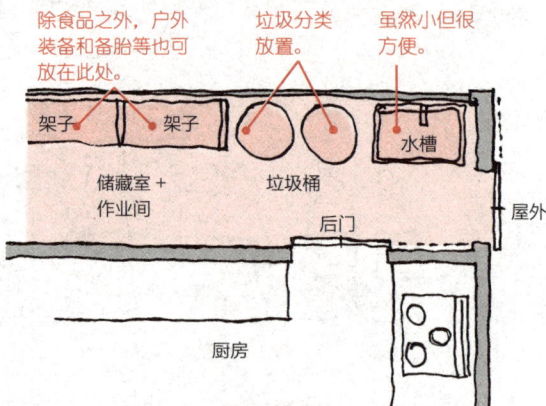

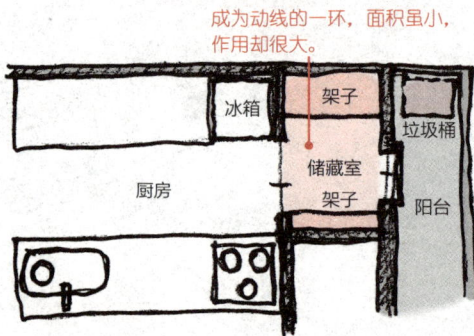

可以像美国家庭一样把冰箱放在车库。

冰箱

备胎和汽车相关的部件也可以存放在此处。

架子

储物区

车库

车库

在车库把重物从车上直接卸下，再搬进屋，可以避免被雨淋湿。如果车库后门与厨房相连，在车库收快递就更方便。

除食品之外，户外装备和备胎等也可放在此处。

垃圾分类放置。

虽然小但很方便。

架子

架子

水槽

储藏室 + 作业间

垃圾桶

屋外

后门

厨房

后门的半室外区域

带着泥、不方便拿进室内的根茎类食材可以放在此处，还能兼具垃圾暂存的功能。也是园艺、种植用具的理想存放场所。

成为动线的一环，面积虽小，作用却很大。

冰箱

架子

垃圾桶

储藏室

架子

厨房

阳台

阳台前

由于公寓有面积限制，储藏室往往需要比较紧凑。可以直接与阳台相连，让室外也兼具储藏功能。阳台可以临时放垃圾，也可以用来存放带泥的根茎类蔬菜等。

储藏室应该设在哪里、怎么设计才好呢？它可以是厨房的一部分，也可以设置在车库搬运食材的动线上，不妨参考下不同的例子吧。

虽然有各种各样的模式，但共通的是，储藏室并不是越大越好，而是要作为一个能令客厅和餐厅更整洁的必需品。另外，由于储藏室是一个重视功能性的空间，需要根据存放的物品灵活地使用，所以最好留足空间，避免过于拥挤。

从与厨房的关联性来考虑

在内部进行区分，餐具和食品分开存放更便于整理。

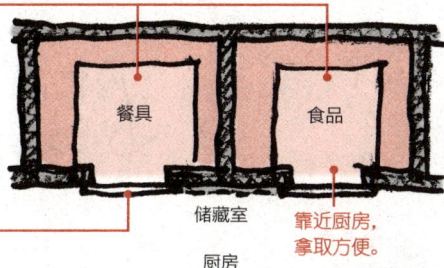

储藏室

靠近厨房，拿取方便。

出于节省空间的考虑，推荐使用推拉门。

餐具　食品

厨房

冰箱

厨房后面

食品自不必说，餐具和厨房家电也可以收纳在此处，用处很多。关上门，视野里也不会杂乱无章，所以各种颜色和形状的东西都能随意摆放。

水槽可以用来洗带泥的蔬菜。

架子

冰箱

架子　水槽

通风

储藏室

厨房（4.86m²）

架子

厨房侧面加宽

也有把厨房设置成最小面积（约 4.86m²），把储藏室的面积扩大的方案。可以把储藏室放在背阴处，或是向阳处。

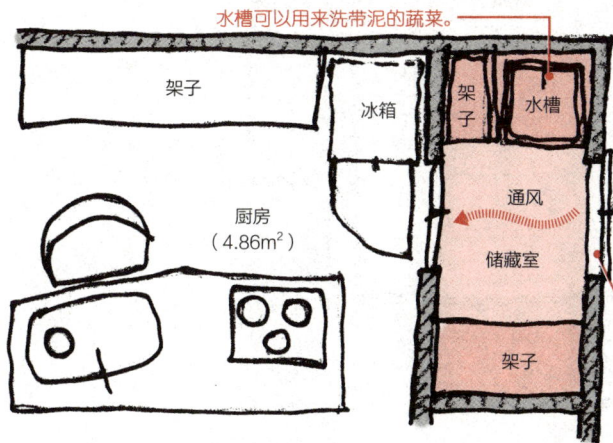

设计一个小窗户，能够更好地通风换气。还能晾晒抹布、临时存放垃圾等。为了保证室内阴凉，要避免建在南边或西边。

宽度大约 40cm 就足够了。

利用通风晾干衣服。

可以靠墙做一个浅柜，里面放了什么一目了然。

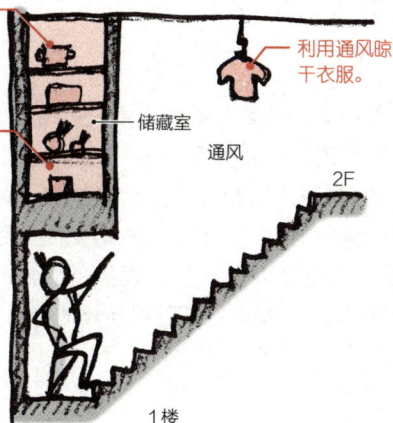

储藏室

通风

2F

1楼

利用楼梯的通风

这种情况仅限于厨房在二楼的家庭，但利用楼梯的死角和通风的特性做一个悬挂式的储藏室也是一种方案。

专供存取的储藏室设计

购物回来最方便的莫过于能从外面把物品都直接搬到厨房。原本发挥这个作用的是厨房门，但这里想介绍一下储藏室的使用方法。为了方便从储藏室存取物品，可以设计一个专门的窗口与屋外相连。另外，还可以在室外的杂物区安装一个简易围栏，以便暂时存放垃圾。

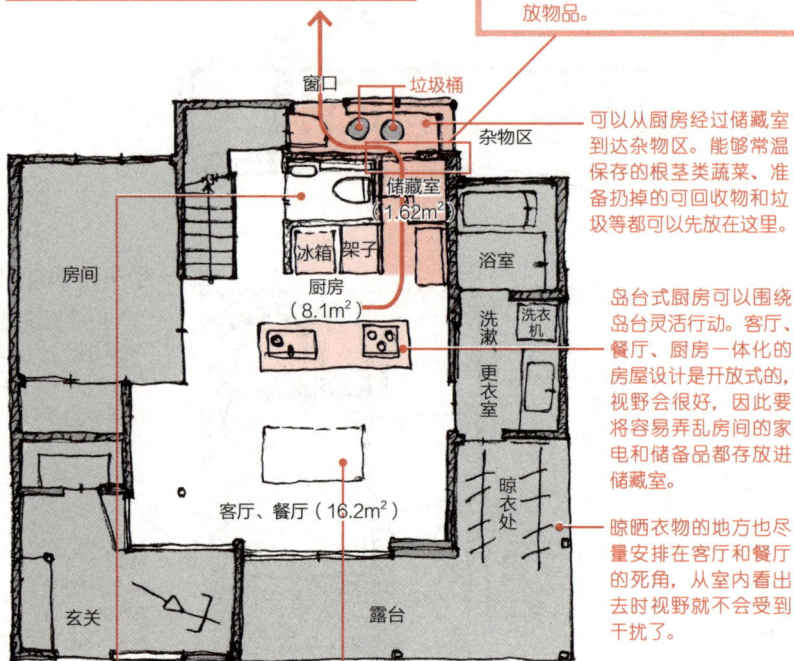

储藏室　　　杂物区

窗口的宽度和高度尺寸要便于取放物品。

窗口　　垃圾桶

杂物区

储藏室
（1.62m²）

冰箱　架子

厨房
（8.1m²）

房间

浴室

洗衣机

洗漱

更衣室

客厅、餐厅（16.2m²）

晾衣处

玄关

露台

N

可以从厨房经过储藏室到达杂物区。能够常温保存的根茎类蔬菜、准备扔掉的可回收物和垃圾等都可以先放在这里。

岛台式厨房可以围绕岛台灵活行动。客厅、餐厅、厨房一体化的房屋设计是开放式的，视野会很好，因此要将容易弄乱房间的家电和储备品都存放进储藏室。

晾晒衣物的地方也尽量安排在客厅和餐厅的死角，从室内看出去时视野就不会受到干扰。

在只有一间卧室的空间中，比较麻烦的是洗手间的位置。既要方便从客厅、餐厅前往，又要保证一定的私密性。可以安排在楼梯旁较为偏僻的空间。

不使用沙发和餐桌，改用矮茶几和坐垫，能够使客厅和餐厅更加宽敞。确保厨房→储藏室→杂务区的动线通畅，也能够保证向阳区域的干净整洁。

储藏室并不一定要多么宽敞。本页介绍了一些通过将储藏室与外部空间进行连接的案例，从而节省空间、更加方便。本页分享了如何通过将半室外的杂物区与储藏室相连，让垃圾处理更加便捷。下页则介绍了将车库与储藏室连通的方案，让物品搬运变得更轻松。两种方案中的储藏室都不算宽敞，但是在日常生活中发挥了巨大的作用。像这样通过把储藏室与其他空间打通的方式，可以更高效地利用储藏空间。

离车库最近的储藏室设计

参照下图的设计方案，当开车出门买了水或啤酒等重物后，到家后能够用最短的距离搬进储藏室。在储物间开一个小窗口，便可以方便存取物品。窗口上方还可以做一个置物架收纳食品，不浪费任何空间。

窗口上做一个置物架能够存放食品。

快递送来的食物也可从这里收取

将储藏室的位置与车库搬运物品的路径打通，能够显著提升便捷性。

70cm

窗口的高度与汽车后备厢高度一致。

买完东西回家后，无须经过玄关便可以通过储藏室的窗口把买来的食材放好。这也是从厨房出去的最短路线，扔垃圾也很方便。

洗漱、更衣间要设在采光好、通风的地方，其中一部分区域可以作为阳光房使用。这样在室内晾晒衣物时，更容易干。打开阳光房和浴室的窗户，不仅能让衣物干得更快，还能防止浴室生霉。

将衣帽间设计在阳台旁边，便于将衣物晾干后直接放进去。

在厨房的一侧安一张桌子，等待饭菜煮好的空当可以坐在此处处理工作。远程办公时，面对墙壁工作，注意力也会更加集中。

虽然餐厅和厨房都是开放式的，但是为了不让人看到忙碌的手，可以设置一个120cm 高的吧台。

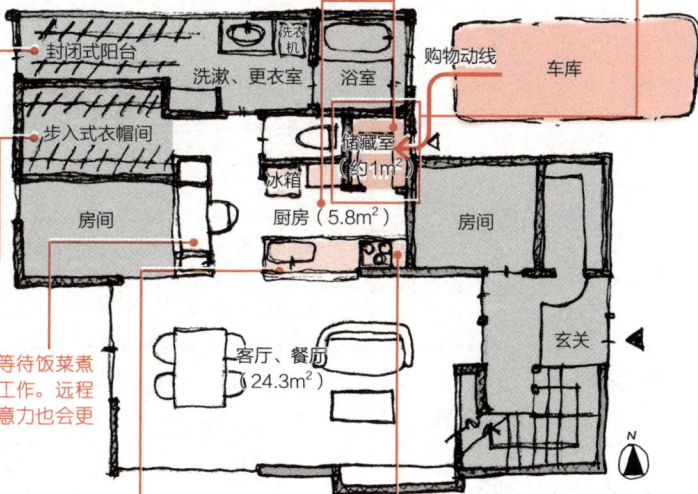

洗衣机
封闭式阳台
洗漱、更衣室
浴室
购物动线
车库
步入式衣帽间
冰箱
储藏室（约1m²）
房间
厨房（5.8m²）
房间
客厅、餐厅（24.3m²）
玄关
N

一侧靠墙的半岛式厨房。灶台前同样设置了挡板，能够防止做饭时的油渍和污渍溅到客厅里。

规划储藏室时一并规划佛龛

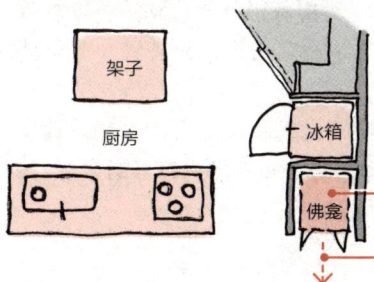

架子
厨房
冰箱
佛龛

在家中设置佛龛可以说是一种东亚文化，过去常会摆放在会客厅等地方。但从让祈祷融入日常的意义上来说，摆放在家人常聚的地方会更好。能够让孩子更有亲近感，供奉和整理起来也会更轻松。用和规划储藏室相同的理念来规划就好了。

如果设在厨房等家人常用的位置，供茶、供水、供花都会更方便。

佛龛要朝南或朝东摆放，以便让佛像能够面向光照的方向。

高效的厨房动线

与厨房有关的日常活动

整理、保存、管理买来的食材。

从后门倒垃圾。

在门口（玄关）迎接快递员或客人。

厨房的位置与这么多活动相关。因此，厨房正面朝向不同的地方，会大大地改变动线的设计。

注意!

把洗手间设置在不会影响用餐的位置。

在洗衣机运转的同时准备饭菜。

看着孩子做作业，或是一边与家人聊天，一边准备饭菜。

从节省时间的角度来看，厨房周围的动线效率至关重要。动线与厨房的布局类型有很大关系。比如岛台式厨房就很方便行动，可以绕着它走一圈，没有死角。把冰箱和餐具家电架放在后面，只需转个身就能拿到想要的东西。

可岛台式厨房需要足够的空间。即便不是岛台式厨房，也能设计出一条方便巡回往返的动线。可以沿着墙壁，与走廊、出入口等组合起来，同样很方便。下页将会介绍普通厨房的动线模式。

方便的厨房长什么样？

岛台式厨房

动线
225～250cm

动线

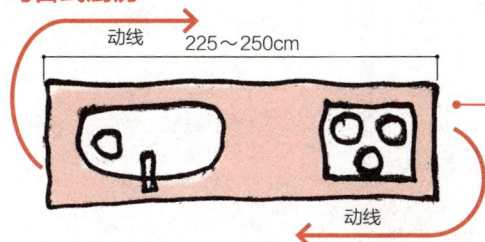

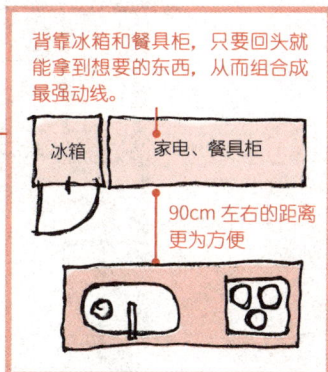

没有阻碍，便于行动。但需要绕道，所以容易费时费力，因此台面的长度以 225～250cm 为宜。考虑到放置家电和餐具的体积，也需要一定的宽度。

背靠冰箱和餐具柜，只要回头就能拿到想要的东西，从而组合成最强动线。

冰箱

家电、餐具柜

90cm 左右的距离更为方便

半岛式厨房

只有一面靠墙的是半岛式厨房。虽然与餐厅交流很方便，但也有可能发生路线冲突。

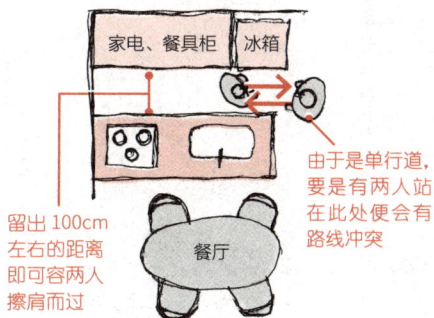

家电、餐具柜 ｜ 冰箱

餐厅

留出 100cm 左右的距离即可容两人擦肩而过

由于是单行道，要是有两人站在此处便会有路线冲突

靠墙式厨房

背对着客厅，因此很难与家人随时交流。适合想要对着墙壁专心做饭的人。

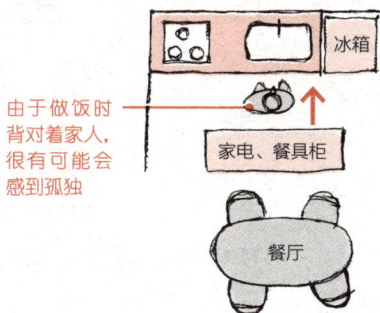

冰箱

由于做饭时背对着家人，很有可能会感到孤独

家电、餐具柜

餐厅

两列式厨房

不仅方便行动，也便于和餐厅交流。必须确保有足够的空间来放置食材、家电，进行烹饪。

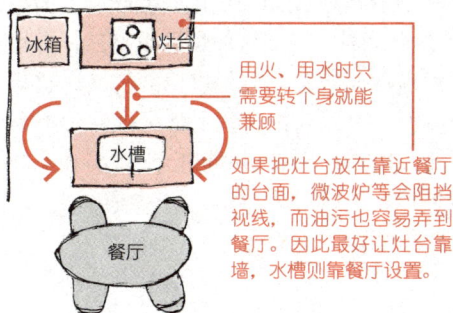

冰箱 ｜ 灶台

水槽

餐厅

用火、用水时只需要转个身就能兼顾

如果把灶台放在靠近餐厅的台面，微波炉等会阻挡视线，而油污也容易弄到餐厅。因此最好让灶台靠墙，水槽则靠餐厅设置。

独立式厨房

用墙把厨房和餐厅隔开，不适合想要一边感受家人的气息一边做饭的人。如果你不想家里有过多油烟，这是个很好的选择。

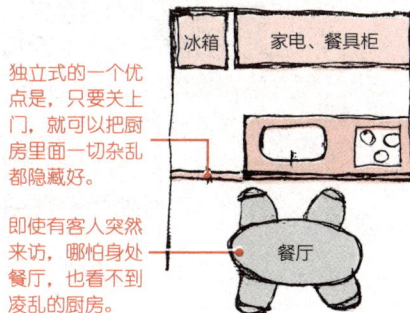

冰箱 ｜ 家电、餐具柜

餐厅

独立式的一个优点是，只要关上门，就可以把厨房里面一切杂乱都隐藏好。

即使有客人突然来访，哪怕身处餐厅，也看不到凌乱的厨房。

能兼顾各种动线的设计

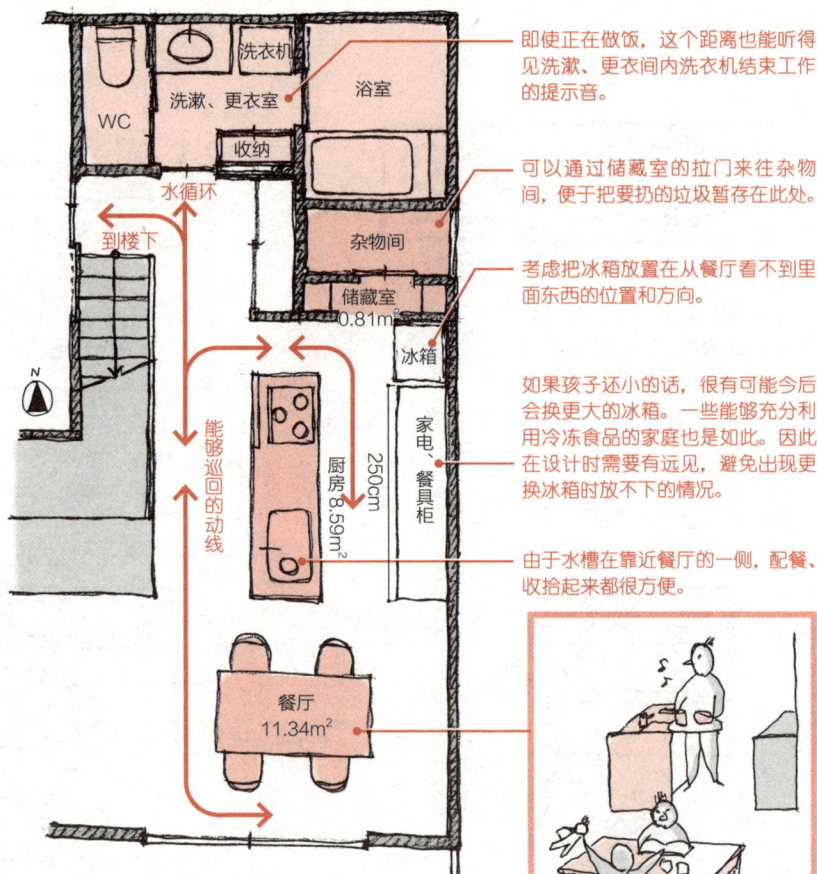

即使正在做饭，这个距离也能听得见洗漱、更衣间内洗衣机结束工作的提示音。

可以通过储藏室的拉门来往杂物间，便于把要扔的垃圾暂存在此处。

考虑把冰箱放置在从餐厅看不到里面东西的位置和方向。

如果孩子还小的话，很有可能今后会换更大的冰箱。一些能够充分利用冷冻食品的家庭也是如此。因此在设计时需要有远见，避免出现更换冰箱时放不下的情况。

由于水槽在靠近餐厅的一侧，配餐、收拾起来都很方便。

平面图标注：
洗衣机
洗漱、更衣室
浴室
WC
收纳
水循环
到楼下
N
杂物间
储藏室 0.81m²
冰箱
家电、餐具柜
250cm
厨房 8.59m²
能够巡回的动线
餐厅 11.34m²

与餐厅的通道采用了没有阻碍的岛式设计。厨房还能兼做洗漱间和去往楼下的通道。厨房要配合有进深的空间来设置。餐桌虽然不是正对着厨房台面，但是横向的摆放让家人在交流时没有障碍。

厨房台面和餐桌不平行，而是形成了直角，这样一来就不会影响到与餐厅中的家人交流。

厨房和餐桌的关系以及动线规划往往容易受到固定模式的限制，但餐桌并不一定要与台面平行。在交谈时，不面对面反而更自然，也更方便在餐厅帮忙。本页的岛台式厨房在面向餐厅时可以横向滑动，这样在上菜或收拾时效率更高。动线方面，可以自由走动的岛台式厨房非常受欢迎，如下页所示，即使是半岛式厨房，通过巧妙的空间布局和家具设计，也能创造出便于往返的动线。

半岛式厨房也能设计出可巡回动线

回家后马上洗手、漱口，不把污垢带入生活空间。提醒客人洗手时也不用把人带到私人盥洗室。和厕所用拉门隔开，看不到马桶是关键。

只要打开厨房的拉门，就能在做饭时方便从储藏室取到所需的物品。

大尺寸的家电、餐具柜。腰部以下的架子会被厨房台面挡住，所以只要保持上方架子干净整洁，整个厨房就会显得井然有序。

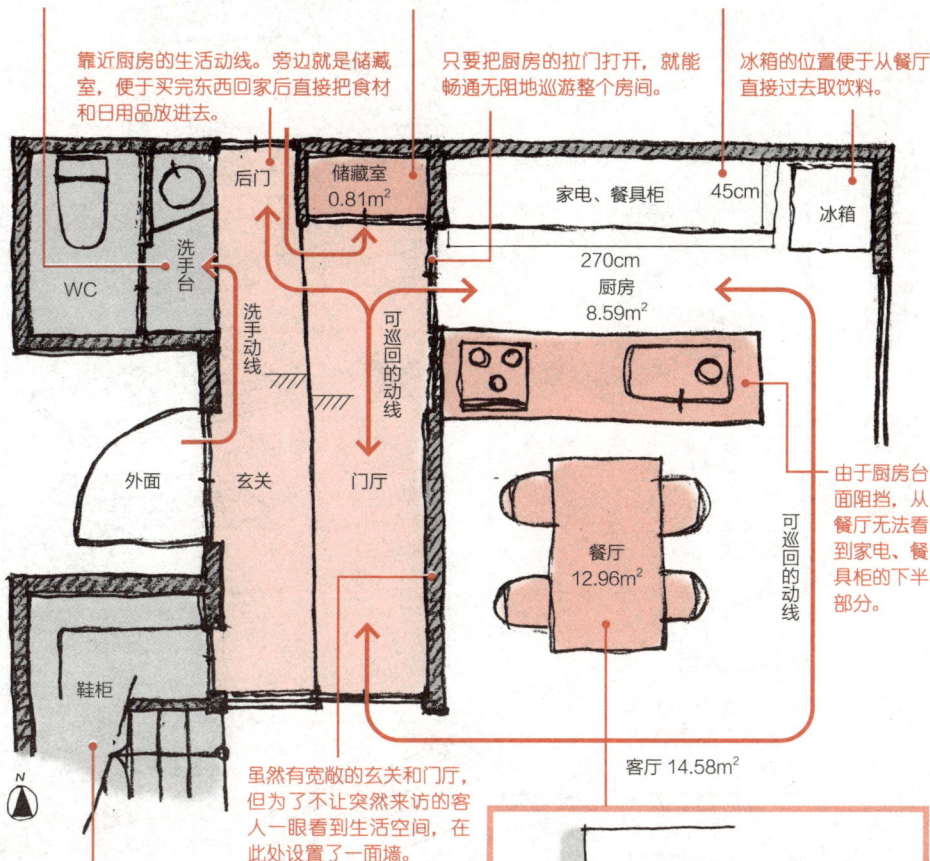

靠近厨房的生活动线。旁边就是储藏室，便于买完东西回家后直接把食材和日用品放进去。

只要把厨房的拉门打开，就能畅通无阻地巡游整个房间。

冰箱的位置便于从餐厅直接过去取饮料。

后门

储藏室
0.81m²

家电、餐具柜　　45cm　　冰箱

270cm

厨房
8.59m²

WC

洗手台

洗手动线

可巡回的动线

外面　　玄关　　门厅

可巡回的动线

由于厨房台面阻挡，从餐厅无法看到家电、餐具柜的下半部分。

餐厅
12.96m²

鞋柜

N

客厅 14.58m²

虽然有宽敞的玄关和门厅，但为了不让突然来访的客人一眼看到生活空间，在此处设置了一面墙。

宽敞的玄关可不能让鞋子散乱一地。做一个鞋柜，保持玄关四周整洁。

即便是有一面靠墙的半岛式厨房，只要在布局上下点功夫，也能创造出便于巡回的动线。这个房型就是将门厅兼作走廊，只要打开LDK的门，门厅和走廊便能与室内空间合为一体，形成巡回动线。这样一来，动线不会交错，行动的灵活性大大提高。

在厨房做饭的人

在餐厅放松的人

这里的餐桌与厨房不平行，但并不影响对话。

便于打扫的厨房之『家具』

易于保持干净的置物架制作方法

箱型置物架的重点

一旦把东西放到架子上就不会轻易移动了，因此架子没必要做得很精细。

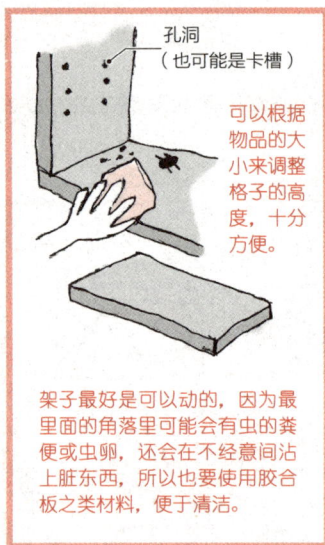

置物架材质：三聚氰胺树脂、聚酯树脂等。

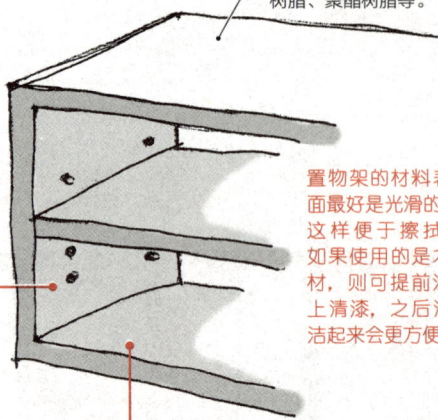

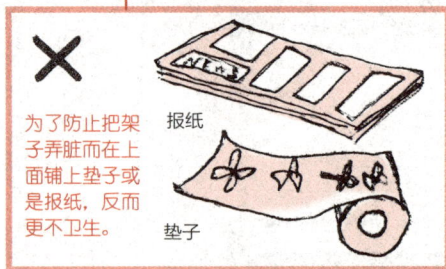

孔洞
（也可能是卡槽）

可以根据物品的大小来调整格子的高度，十分方便。

置物架的材料表面最好是光滑的，这样便于擦拭。如果使用的是木材，则可提前涂上清漆，之后清洁起来会更方便。

架子最好是可以动的，因为最里面的角落里可能会有虫的粪便或虫卵，还会在不经意间沾上脏东西，所以也要使用胶合板之类材料，便于清洁。

✕

为了防止把架子弄脏而在上面铺上垫子或是报纸，反而更不卫生。

报纸

垫子

网架的重点

网架的优点在于透气性好。如果在上面垫上报纸或垫子，会影响它的透气性，也不卫生。如果一定要铺的话，需经常更换。

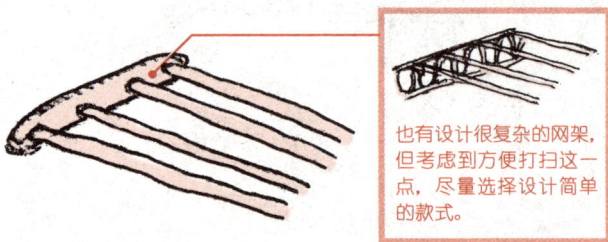

也有设计很复杂的网架，但考虑到方便打扫这一点，尽量选择设计简单的款式。

为烹饪研究家设计住宅时，他们对厨房的要求往往是"易于打扫且耐用"。

柜台和门上的污渍容易被发现，但抽屉里和架子上的灰尘就很容易被忽略。如果不保持这些地方的清洁，就会成为害虫的温床。如果没有时间细致打扫，就固定在某一天打扫某个区域，并制订一个周期性的轮替计划，以便在一定时期内全面清洁。只要稍微打扫一下，就能发现一些保质期临近的食品，或者找到很久没用过的厨具。

厨房台面的材料选择和制作方法

不锈钢

最受欢迎的厨房台面材料。因为它看起来干净整洁，而且坚固耐用。但需要相应的保养，不同工艺类型的表面，保养的麻烦程度也会有所不同。

挡水
最好在台面的边缘做一个"挡水边"，水就不会滴到地上了。

保养方法是用水擦拭，然后擦干。这是最重要的。

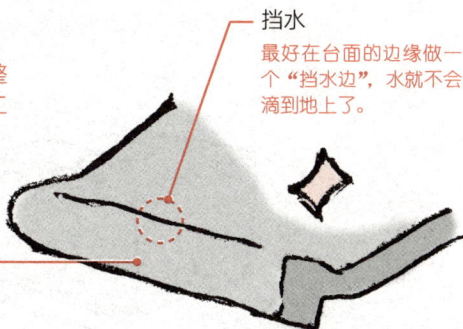

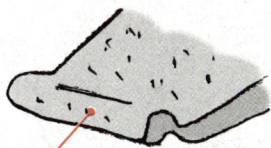

压花工艺
表面有细微的凹凸纹理，是最容易保养的。

振动工艺
花纹的方向是随机的，所以即使有划痕也不会太明显。

拉丝工艺
顾名思义，就是加工成像发丝一样的水平丝状纹理。

4 种常见的台面材料

除了三聚氰胺和不锈钢之外，还有 4 种很常用的材料。使用不同的材料会营造不同的厨房氛围，因此在选择时需要综合考虑使用的便利性、成本以及空间的平衡。

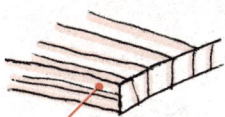

木制
看起来很温暖。最重要的是要经常擦拭水滴和油渍。如果保养得当，还能增加其韵味。

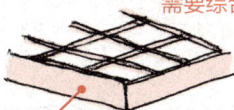

瓷砖
耐热、防水。接缝处容易脏，但只要每天清理就可以了。不过也会出现热胀冷缩导致开裂的情况。

人造大理石
由于不含真的大理石，所以成本比较低。这种材质对化学品的耐受性以及耐热性不强，但正常使用是没问题的。

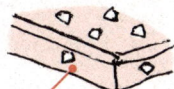

人造大理石（水磨石）
将大理石碎石用水泥等混合固化而成。比大理石价格便宜。经年使用色泽暗淡后，打磨表层又可恢复如新。

台面的凸起部分也要好好检查

有的厨房台面会有一个被称为"挡水边"的凸起，其设计是将边缘做高，防止水滴落。此外，想要进一步预防水滴到地上，可以在其下方做一个沥水的缝隙，这样就万无一失了。

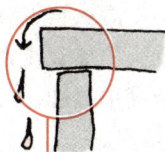

没有挡水边的情况

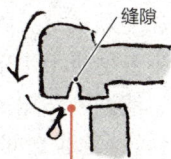

有挡水边的情况

缝隙

进一步在下方也安装沥水装置。

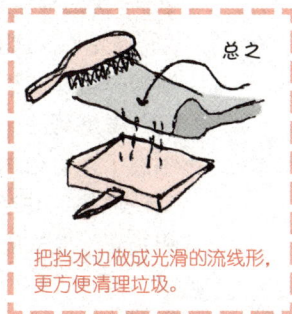

总之

把挡水边做成光滑的流线形，更方便清理垃圾。

地板的清洁和易于保持干净的材质

你有好好思考过地板的清洁吗？

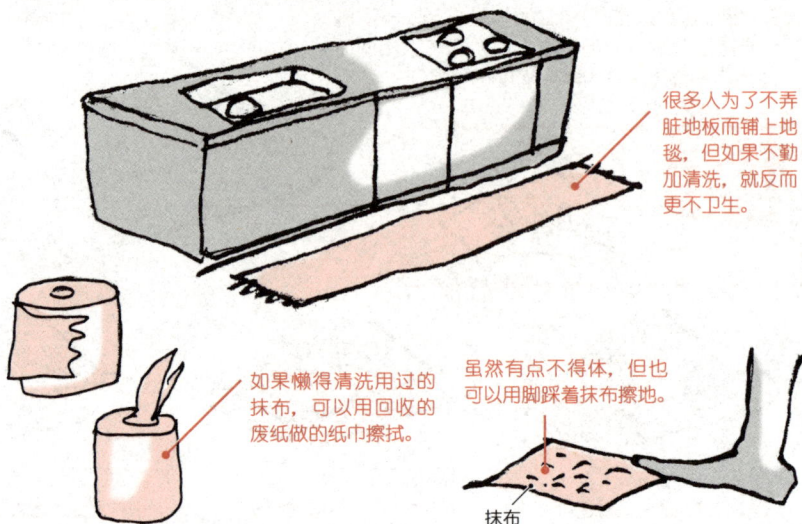

很多人为了不弄脏地板而铺上地毯，但如果不勤加清洗，就反而更不卫生。

如果懒得清洗用过的抹布，可以用回收的废纸做的纸巾擦拭。

虽然有点不得体，但也可以用脚踩着抹布擦地。

抹布

不同材质的地板清洁难度不同

易清洁的地板并不代表不容易变脏。脚的触感、易清洁的程度、材质的性能……从自己更看重的点出发来挑选地板的材质。反正横竖都会弄脏，所以我认为只需要选择自己喜欢的材质，每天都擦一擦就好了。

如果在表面做涂层的话，打扫起来会更容易，不过也要注意，这样容易影响木头调节湿度的性能

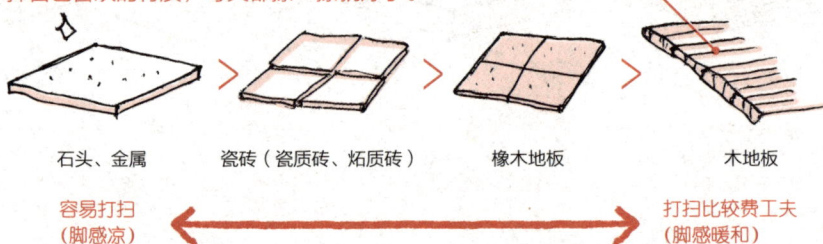

石头、金属 ＞ 瓷砖（瓷质砖、炻质砖） ＞ 橡木地板 ＞ 木地板

容易打扫
（脚感凉） ←————————————————→ 打扫比较费工夫
（脚感暖和）

厨房的地板和墙壁会在不知不觉中溅上油渍，等你注意到时颜色已经变了，这会让人很有压力。墙壁上的污渍很好发现，但地板上的污渍却很容易被忽视。

考虑到这一点，我们要养成每天睡前擦地板的习惯。不应该每天只顾洗干净自己的脸，却不管地板干不干净。可以给地板铺上乙烯基或者其他地垫，并经常更换、清洗，不然反而更不卫生。每天简单擦洗，日积月累，地板便能保持干净。这也会间接让自己的生活更轻松。

防止油溅到墙上

处理好排气

因为油会随着温度升高而溅起，所以点火后一定要打开换气扇，防止油点弄脏墙壁。如果换气扇上有了油污，就把过滤器取下，撒上小苏打，放置几小时后，用厨房纸擦拭污渍，或者用海绵蘸热水冲洗。

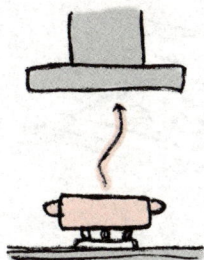

沥干食材的水分

油炸食物的时候有油溅出来，是因为食材中有"水分"。提前在备菜的阶段多花点工夫，比起事后打扫飞溅的油渍花的时间要少得多。

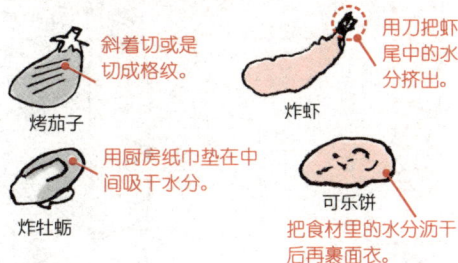

烤茄子 — 斜着切或是切成格纹。

炸虾 — 用刀把虾尾中的水分挤出。

炸牡蛎 — 用厨房纸巾垫在中间吸干水分。

可乐饼 — 把食材里的水分沥干后再裹面衣。

趁热擦净

要养成做完饭后趁灶台还热的时候把油污擦干净的习惯。因为油污不太容易看见，所以不宜放置太久。（注意不要烫伤！）

HOT

一旦发现油渍，就立刻用废纸或纸巾擦干净。

活用工具

合理利用厨房用具，能够在一定程度上防止溅油。方便的工具能够缓解油炸时的压力。

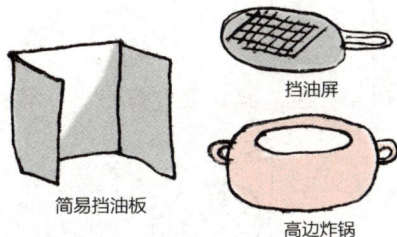

挡油屏

简易挡油板

高边炸锅

墙壁的材质和易脏的灶台前

不同材质的墙壁清洁难度不同

瓷砖

厨房面板

比起瓷砖，瓷砖之间的接缝处更难清洁。接缝的数量越多，打扫起来越麻烦。

厨房面板如果是一整块的话，接缝少也更容易打扫。不仅能用磁铁，还能直接用水性记号笔在上面做标记。

灶台前的打扫

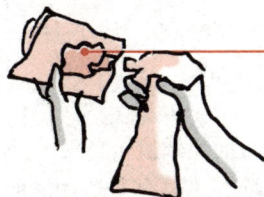

难以清除的污渍可以贴上喷有清洁剂的厨房用纸。再用保鲜膜封上，放置片刻便可轻松擦除。

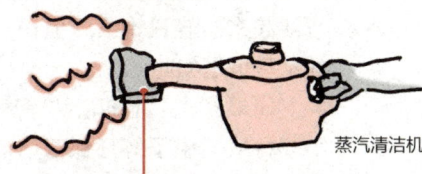

蒸汽清洁机

每天使用完灶台后擦拭是最基本的，如果更严格一点的话，可以每周用清洁剂清洗一次油污。自然系清洁剂中小苏打最有效。对于顽固的污垢，蒸汽清洁机也很有用。

最让人头疼的换气扇清洁

下拉式换气扇

将吸入的空气送到地板下，再借助通风管向外排出。只需要清理手边的部分就能保持干净，所以清洁起来很轻松。

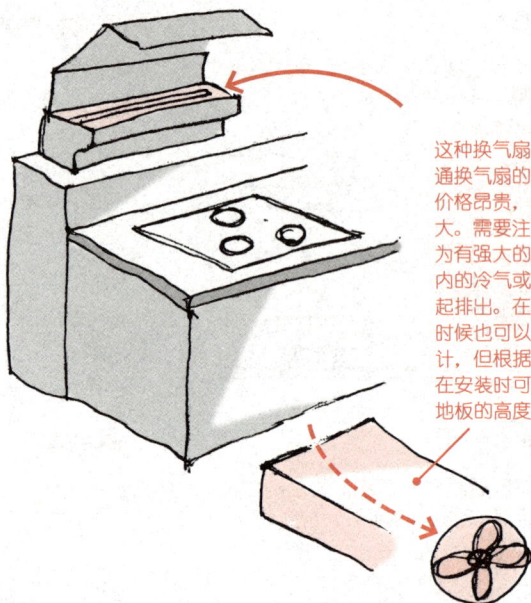

这种换气扇的成本是普通换气扇的两倍，虽然价格昂贵，但功率也很大。需要注意的是，因为有强大的排气力，室内的冷气或暖气也会一起排出。在翻新装修的时候也可以引入这种设计，但根据不同的情况，在安装时可能需要提高地板的高度。

螺旋桨式换气扇

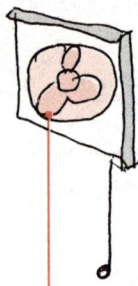

离心式换气扇

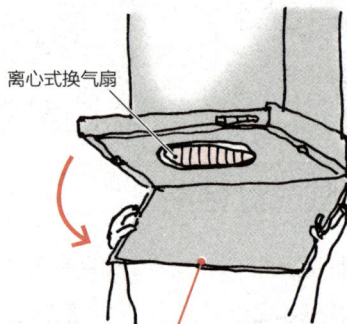

离心式换气扇

打扫起来很麻烦，密闭性也不好，会让家里很冷。

离心式换气扇外面的盖子能够很轻松地取下来，便于清洁。

离心式换气扇根据厨房的形状，分为几种不同的类型。性能好的换气扇不会弄脏地板、墙壁和天花板。

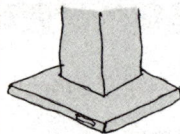

岛台式厨房用的换气扇

清洁抽油烟机（炉罩）是年末大扫除的代名词。现在很多人使用的都是有热风自清洁功能的抽油烟机，比起过去的螺旋桨式抽油烟机，清洁起来会轻松许多，但仍需要定期清理。水槽、炉灶等与水和火有关的设备也是如此。

　　如果养成了定期清洁厨房设备的习惯，可以考虑使用清洁剂。将纯碱、小苏打或无患子等环保清洁剂用水稀释后装入喷雾瓶中。虽然不如化学清洁剂的泡沫丰富，不能很明显地给人污渍被清除的视觉感受，但实际上已经把设备上的污渍清理干净了，所以请务必尝试一下（参照 119 页）。

清洗水槽和灶台

水槽

角落和侧面（参照 59 页）容易结水垢，需要仔细擦拭。

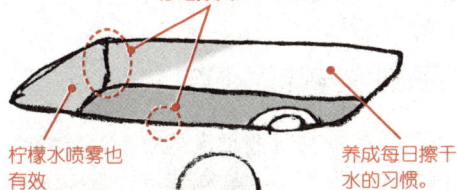

柠檬水喷雾也有效

养成每日擦干水的习惯。

用柔软的丙烯酸毛线制成的球花来清洗。

水龙头

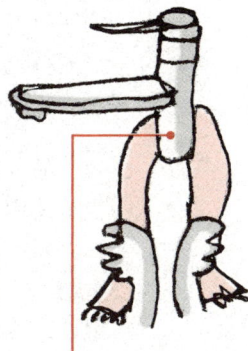

用毛巾或抹布擦干净，用洗澡时洗后背的手法把底部的水渍擦干。

灶台

如果有了污渍，可以喷洒小苏打水擦拭（参照 119 页），或者用小苏打粉与水混合成糊后擦拭。但是玻璃、珐琅、不锈钢上可能会留下划痕，因此要控制用量。

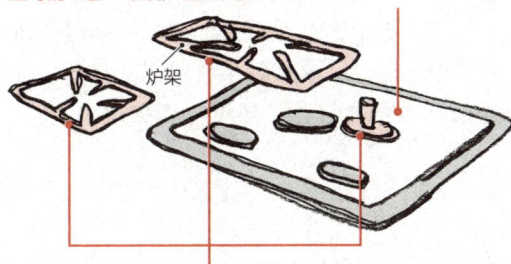

炉架

拆开后喷洒小苏打水，再擦干。有些麻烦，但只要每天坚持，就会养成习惯，做起来也更轻松。如果污渍留存的时间过长，小苏打水无法去除污垢，就可以把炉架浸泡在温热的小苏打水中，待污垢浮起来后，用布擦拭或用刷子刷掉。

烤鱼架

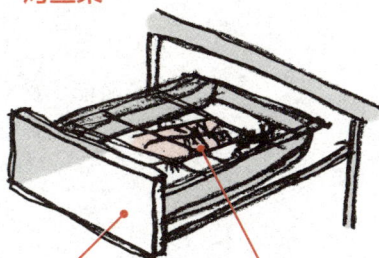

每次使用后拆下清洗，就不会留下异味。

把香草类调料放入烤盘中一起烤，会香味扑鼻。

省去打扫灶台和烤架麻烦的诀窍

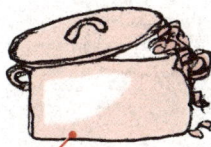

防止锅盖移位的工具

在锅底安装防溢器。

把它放在锅边，就会产生一个小缝隙，防止溢出。

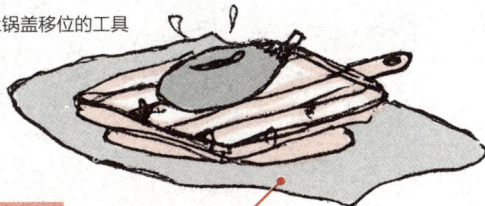

直接用灶台烤茄子等食物时，在灶台下面多铺些锡纸。

向生活达人取经②

我们从生活达人们习以为常的生活中，寻找并发掘了一些小窍门。本篇将特别聚焦于厨房和餐桌。

用小而轻的锅快速制作美味的小吃

随着年龄的增长，我们处理重物时会越来越吃力。年轻时喜欢使用外形时尚的进口铸铁锅，但是一想到要清洗就令人头大。而且，随着家庭成员减少，胃口也越来越小，所以不再需要大锅。但是，因为仍然喜欢吃喝，经常会想做点量少的美味佳肴。因此，可以准备几个小而轻的锅，每次做饭时分开使用。此外，保持厨房整洁也很重要。锅具轻便了，清洗和整理起来也会更容易。

使用可以直接端上桌的锅，享受各式锅垫

某些一次性锅或是铸铁珐琅锅可以直接端上桌。从炉灶或烤箱取出后直接端上餐桌，无论人数多少都能适用。热气腾腾的锅也让餐桌看上去更加丰盛。一次性锅不仅可以在烤箱中使用，而且在灶台的强火下也不会烧焦，还可以直接放入冰箱，

无水锅
（锅盖也能使用）

无柄锅

铁制锅
（耐热性好）

陶土锅

小锅子

可以直接端上桌的锅

甚至可以堆叠收纳，节省空间。

另外，将热腾腾的锅放在餐桌上时，为了不损伤桌子，不要使用临时的垫子，而是准备几种时尚的锅垫。不仅仅是布料，还可选择耐热的瓷砖或石头，根据季节和菜单来享受变化，可以创造一个漂亮的餐桌。

在大而优质的盘子里放少量小菜

品质好的盘子，只需往上面随便摆几种冰箱里储存的常备菜，就能提升餐桌格调（腌菜或水果）。这种小技巧能帮助人快速备好前菜，用节省下来的时间专注于主菜的烹饪。

将东西放在家人经常经过或容易拿到的地方

有一些家庭会在家人经常经过的地方放一篮橘子。因为每逢年末便会收到很多别人送来的蜜橘，如果不及时吃掉，就容易烂在纸箱里。想要趁食物新鲜好吃时把它赶紧吃完，放在家人容易拿到的地方是个很好的策略。

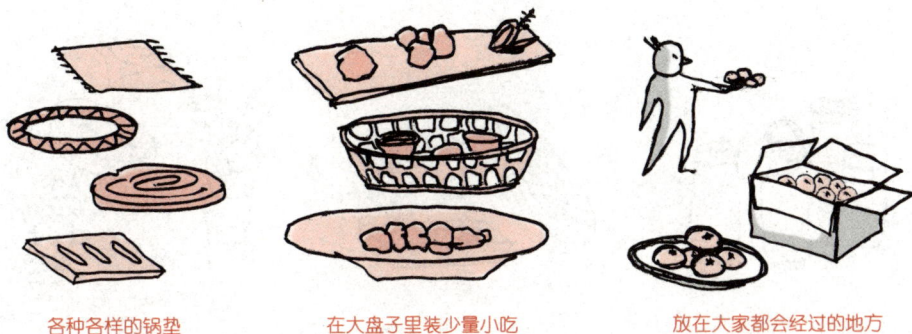

各种各样的锅垫　　　　　在大盘子里装少量小吃　　　　　放在大家都会经过的地方

酷暑时节提前备好全家人的水壶

在炎热的夏天，如果家里人因为口渴，或是想要吃点凉的食物而频繁开关冰箱，容易造成能源浪费。在早上为每个人提前准备好各自的冷水壶，放在餐桌上，就能为节能做出一点贡献。

优先购买打折商品或临期商品

去打折商品区并不可耻。不要去拿货架深处那些保质期更长的商品，优先选择那些卖相更差、在架更久的商品。商店只能忠实地根据保质期将即将到期商品打折处理。虽然外表会有点损伤或卖相不好，但能够以更便宜的价格买下，很多消费者自行判断后都会立刻购买。

重复用水

将淘米水或洗过蔬菜的水用来给室内植物浇水。焯过蔬菜的水可以用来煮其他食材（除了会产生浮沫的情况）。冬天使用热水袋的家庭，可以利用那些热水来洗脸和洗衣。将节能进行到底，自然地融入我们的日常生活中。

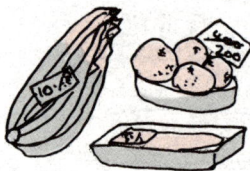

水杯水壶的活用　　　　　积极购买即将到期商品　　　　　循环用水是件很有意思的事

第三章

高效且快乐的
洗衣时间压缩术

被阳光晒干的衣物令人愉悦!

日晒爱好者其实有很多

在晴朗的日子里,就算没有要洗的东西,也要找两件出来洗干净晾起来。这个爱好乍一看很小众,其实有很多这样的日晒爱好者。

晒太阳的魅力何在?

阳光的味道、更短的干燥时间、除菌除味的效果……而且不需要电费,日晒衣物既环保又经济。由于是展开晾晒,所以还能顺便检查衣物的状态,看看有没有扣子掉了,有没有残留的污渍,有没有破洞等。

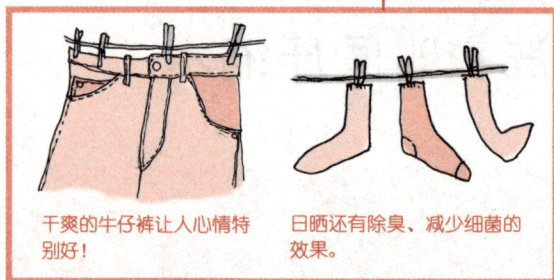

干爽的牛仔裤让人心情特别好!

日晒还有除臭、减少细菌的效果。

晾晒的时段也很重要。清晨或日落后反而会有湿气,因此根据季节的不同,安排在 9:00～15:00 最为理想。在梅雨季节和冬季等不易干燥的时期,最好搭配家里的甩干机或烘干机使用。

和一日三餐、打扫卫生同样不容忽视的家务就是洗衣服。吃饭的话,实在没办法时可以外出就餐,打扫卫生也可以睁一只眼闭一只眼勉强应付。但是一旦洗衣机坏了,就不得不把要洗的衣物带到外面的自助洗衣店去洗,非常不方便,这时我们就会重新认识到洗衣的重要性。

也许很多人会觉得,洗衣机可以直接把衣服洗好并烘干,所以在洗衣服这件事上可以节省时间。但是,被阳光晒干的衣物的舒适感是无可替代的。这次,让我们斗胆尝试一种不依赖烘干机,但十分高效的洗衣方法吧。

积极地享受洗衣的乐趣吧

享受洗衣的乐趣吧

仅仅换一台新洗衣机就足以让人兴奋了。洗衣的容量增加了，用水量减少了，更加环保，还能更加有效地去除污渍……不妨以更积极的态度重新看待洗衣服这件事。

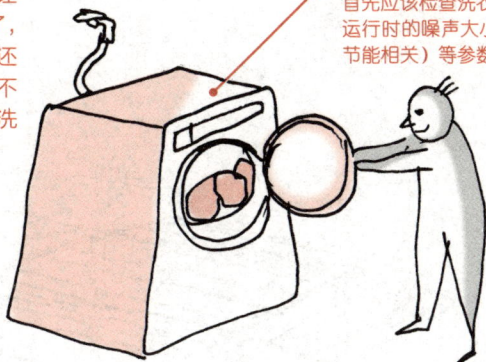

洗衣机的功能在不断更新换代。不过，不要过于被这些功能所迷惑，首先应该检查洗衣机的尺寸、容量、运行时的噪声大小以及耗电量（与节能相关）等参数。

洗衣的工具也要注重品质

既然如此，不妨也重新审视一下洗衣工具，选择一些美观的，让晾衣的时间变得更加愉快。例如，晾衣夹可以选择不锈钢或铝合金等坚固且不易老化的材质，外观设计也可以选更好看的。

选择工具的重点在于材质。避免选择容易老化或是晾晒时不太美观的材质。例如，不锈钢洗衣篮即使放在家中也不会破坏室内装潢的和谐。不锈钢材质的晾衣夹虽然价格比塑料的更贵，但是更美观，也更耐用，能够长期使用。

此处可拆卸

可拆卸式室内晾衣工具
（室内用悬挂式晾衣架）

不锈钢晾衣夹
（不锈钢晾衣夹）

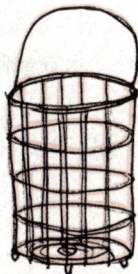

不锈钢洗衣篮
（洗衣篮）

试着活用晾衣架吧

悬挂晾干容易变形的毛衣、卫衣等，也可以平铺晾干。

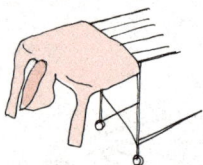

把袖口绑好固定，让风吹进袖管中，做出两臂伸出状晾晒，更容易晾干。

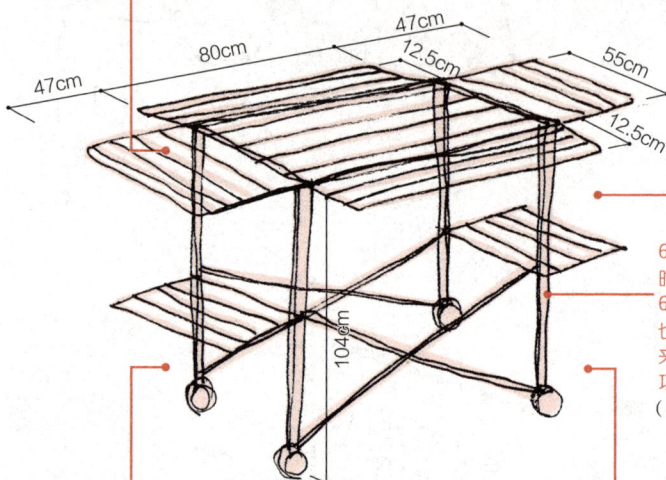

47cm　80cm　47cm　12.5cm　55cm　12.5cm

104cm

6个侧翼全部展开时，可以同时晾4～6个人的衣物。当然，也可以把侧翼叠起来，使用起来更为小巧方便。
（6翼晾衣架）

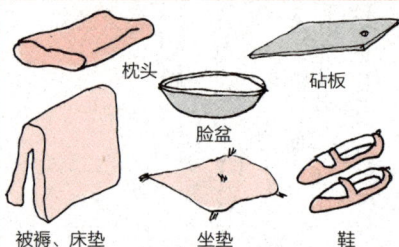

枕头　砧板
脸盆
被褥、床垫　坐垫　鞋

除了衣服，这些物品也能晾。

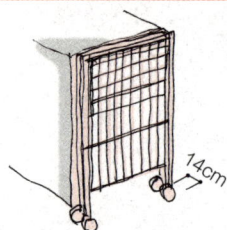

14cm

不用的时候可以收起来。我最爱用的一款约14cm厚。

如果平时只使用衣架和塑料夹来晾衣服，那么我希望大家能够了解一下晾衣架的好处。首先，晾衣架是一个万能的晾晒台。无论什么类型的衣物都能晾，操作也很简单，使用完毕后可以直接折叠。收起晾衣架后，"晾衣区"又可以变回阳台。而且晾衣架很轻，家里任何人都能轻松使用。不然阳台总是挂满各种衣物，绝对不是什么好看的风景。

晾衣架的好处

没有衣架阻挡的开阔视野

如果使用可折叠的晾衣架，只要在晾完衣服后一并收好，阳台就不再是晾衣服的地方了。这样一来，就可以尽情享受窗外的风景和绿植的意趣。

如果使用固定的晾衣架来晾衣服的话，从室内看向阳台，便只能看到一片挂着的衣物，很不美观。就算没有挂衣服，晾竿也会横亘在外面，依然会阻挡视线。

室内

阳台

室内

阳台

打扫和整理变得更加轻松

衣物晒干后表面残留的浮毛也可以在室外进行清理，打扫起来更方便。此外，与需要走出房间到阳台外面才能使用的晾衣架不同，这种晾衣架只需要在室内探出半身就能收衣服，非常方便。

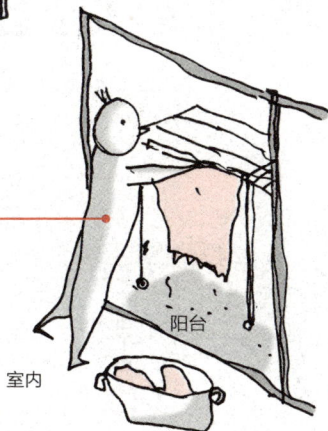

阳台

室内

无法在室外晾衣服的时候

不论季节、天气都能晾衣

冬天天冷的时候可以在室内先晾一会儿，再放到室外晾。

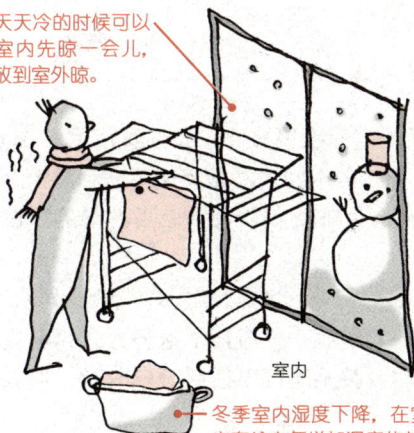

梅雨季节或是下雨天，可以在有屋檐的阳台先晾至半干后，再收回室内继续晾干。

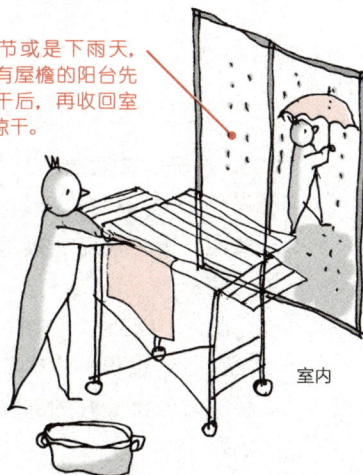

室内

室内

冬季室内湿度下降，在室内晾衣有给空气增加湿度的效果。

071

高效的洗衣方法

在哪里晾衣物最好?

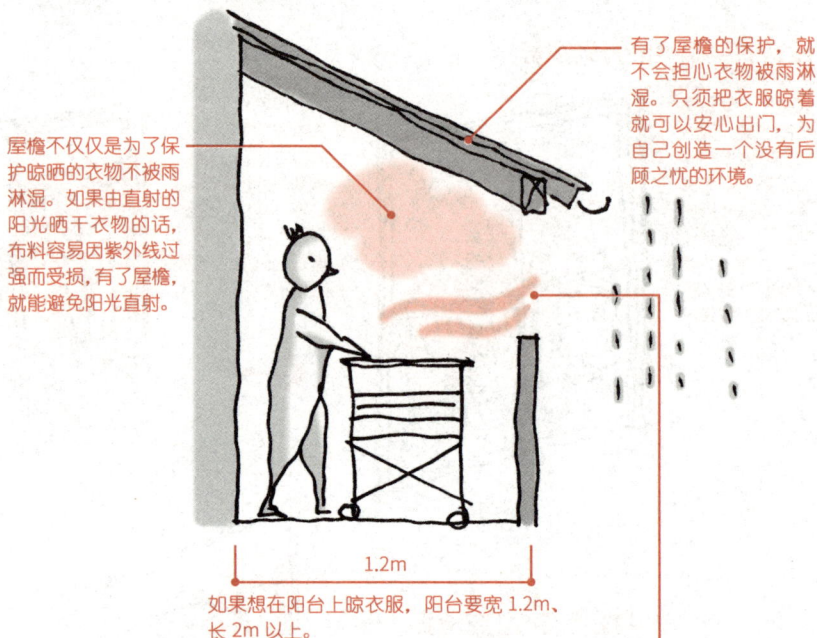

屋檐不仅仅是为了保护晾晒的衣物不被雨淋湿。如果由直射的阳光晒干衣物的话,布料容易因紫外线过强而受损,有了屋檐,就能避免阳光直射。

有了屋檐的保护,就不会担心衣物被雨淋湿。只须把衣服晾着就可以安心出门,为自己创造一个没有后顾之忧的环境。

1.2m

如果想在阳台上晾衣服,阳台要宽 1.2m、长 2m 以上。

所需尺寸:1.2m~

所需尺寸:2m~

这是 70 页介绍过的 6 翼晾衣架。除了晾衣架本身的尺寸之外,还需要留足使用者操作的空间。

虽然把衣物晾在朝南的位置是最好的,但是在住宅中,通常不太受青睐的朝西处也有其优势——在一天结束时仍能得到阳光的照射。此外,晾干衣物不仅依赖阳光,风也是一个重要的因素。

要想提高洗衣效率,打造合适的空间也很重要。我推荐使用晾衣架,因为希望在整理完衣物后,阳台的空间还能做其他用途。对于上班族来说,天气状况也很重要,因此,能够防止衣物被雨雪淋湿的屋檐也很关键。

此外,从晾干到整理的全过程都需要提前考虑好。可以重新规划动线,以便在行走过程中依次归置叠好的衣物。一旦习惯了这种方式,就会有更多的时间将叠好的衣物整齐摆放,甚至还可以按照颜色分类,增添一些乐趣。

晾衣时就要考虑好如何整理

让整理更加轻松的晾衣方法

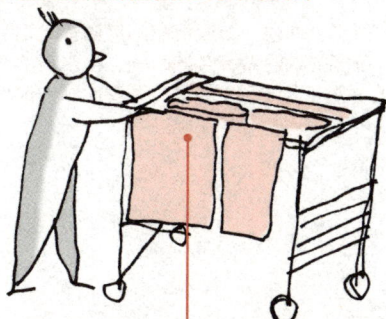

下装

放在洗漱间的共用衣柜

袜子

放在各自的房间

T恤和
毛衣等

放在共用衣柜

在晾衣架上晾晒时，可以按照要放置的房间，如洗漱间、衣帽间、卧室等，对晾晒的衣物进行分区。此外，像袜子这类物品，可以将同款式的两只连在一起晾，这样就能避免出现一只袜子都晾干了，另一只还留在洗衣机里的情况。

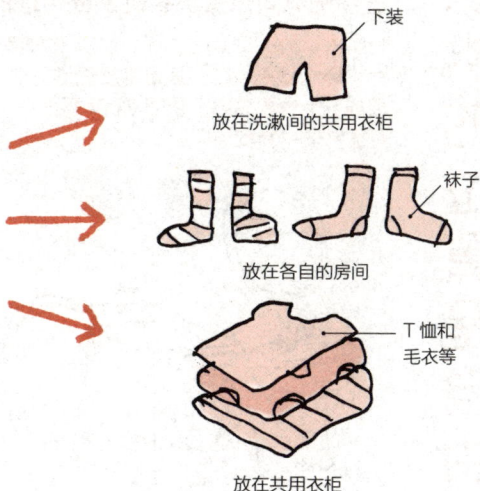

确定好整理动线和规则

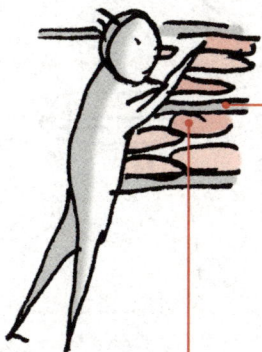

高效的动线

整理毛
巾等

整理
衣物

②洗漱间

③衣帽间

卧室

客厅

叠放整齐（晾衣架
使用完毕后可以立
即叠起来）

①阳台

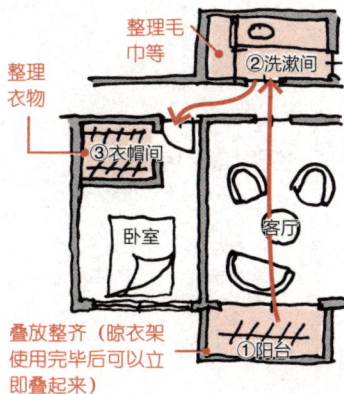

搬运衣物时的叠放方法

按照要放的房间
顺序叠起来搬运。
如果是放在同一
个衣柜里的，就
按上下顺序叠放。

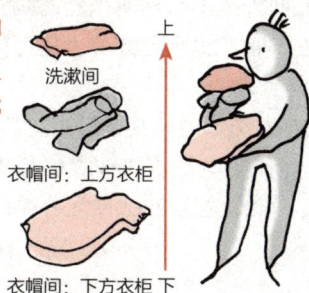

上

洗漱间

衣帽间：上方衣柜

衣帽间：下方衣柜 下

和家人分享叠衣方法

比如毛巾，是卷
起来放还是对折
放，若是对折放
要折成多大等，
需要全家人都达
成共识。这些虽
是小事，却十分
重要。

对折收纳

卷起收纳

073

洗衣机只能放在洗漱间吗

虽然洗漱间内有洗衣机是很合理的……

把洗衣机放在洗漱间的话，换洗衣物就更方便了。而且，一般洗漱间与浴室是相邻的，用水都集中在一处是常规做法。这样不仅能够缩短做家务的时间，在水管的布局施工上也更高效（参照 77 页平面图）。不过如下页所示，我们也要考虑到，这种配置并非只有优点。

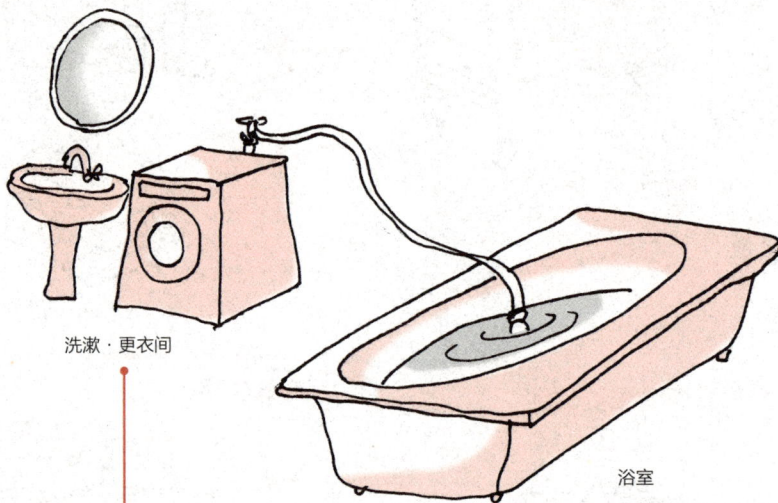

洗漱·更衣间

浴室

靠近洗手台

也有很多人会用洗手台洗衣物。把洗手台和洗衣机放在同一个空间会更加方便

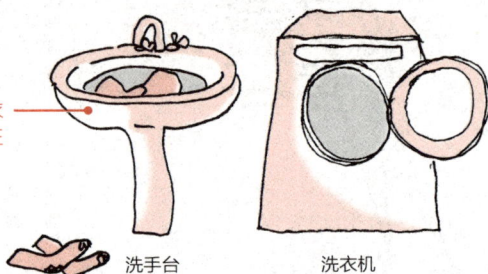

洗手台　　　　洗衣机

把洗衣机放在洗漱间或更衣间难道不是理所当然的吗？的确，将用水区域集中在一处，搭建设备管道也会更高效，还可以顺手在洗手台里先搓洗一下衣物等，这些都是合理的。

然而，如果家里人多，在有人洗澡的时候，母亲忽然进来要洗衣服，动线就会相互冲突，这也是一个缺点。洗衣机放置的位置是自由的，所以重新审视一下生活模式，找一个最适合自己日常习惯的地方放置洗衣机吧。

尝试把洗衣机放在洗漱间以外的空间吧

在洗漱·更衣间放置洗衣机的弊端

家庭成员较多的情况下，如果把洗衣机放在洗漱·更衣间，就会遇到使用时间冲突的问题。

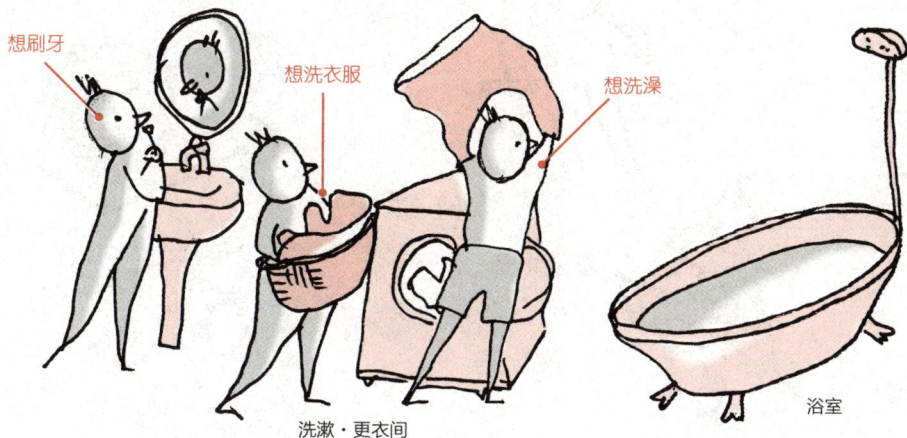

想刷牙

想洗衣服

想洗澡

洗漱·更衣间

浴室

如何避免这种情况呢？

在洗漱间刷牙出乎意料地费时间。但其实很少有人会认真地看着镜子刷牙，所以把洗漱间从有洗衣机的更衣间中分离出来也是一种方法。

刷牙的时候就会经常走到客厅来看电视

客厅 + 近处的洗漱间

洗衣机放在厨房旁边也很实用

我家就在厨房旁边放了一台洗衣机，非常实用（参照 83 页平面图）。

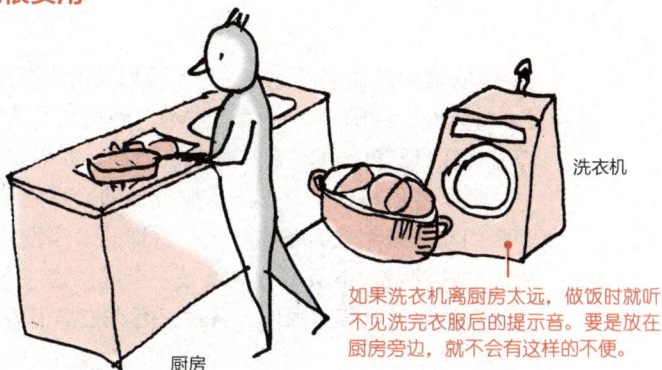

洗衣机

如果洗衣机离厨房太远，做饭时就听不见洗完衣服后的提示音。要是放在厨房旁边，就不会有这样的不便。

厨房

让洗衣动线成为一条直线

考虑好从洗澡到收纳的动线

洗澡
循环利用洗澡水洗衣服。

洗衣服
把换下来的衣服一起放入洗衣机清洗。

拿到阳台
洗好的湿衣物很重，因此搬运动线最好是最短的线段。

晾衣服
在露台或阳台晾衣服。

叠衣服
如果没有晾衣架，就需要一个叠衣服的空间。最好是可以直接坐着叠衣服的地方。

穿衣服
想要顺利地准备好要穿的衣物，最好能让衣柜一目了然。

收纳
悬挂衣物的地方和叠放衣物的地方相邻会更方便。

洗衣流程是住宅设计中一个不可回避的重要问题。从脱下衣服、分类、清洗，到晾干、熨烫、收纳，到再次穿着，这一系列多样化的动作需要在自然流畅的流程中完成。因此，我们需要精心规划洗衣动线。

最高效的设计是从换下衣服开始的，将搬运、晾晒、折叠和收纳等一系列动作规划在一条直线上。这样的动线设计简洁高效，避免了不必要的动作浪费。下页的方案就是一个遵循这一基本原则的案例，不管是育儿家庭还是老年人家庭，各种家庭类型都很适用。

距离最短的洗涤动线规划

这条动线去儿童房收拾衣物也很方便。孩子小的时候还能把衣物和大人的放在一处，但长大后通常都需要单独的衣柜。让孩子自己管理，自然会养成整理衣柜的习惯。为了节省空间，壁橱的门做成了拉门，而不是双开门。

步入式衣帽间，东西容易堆积在里面。换成能穿行通过的衣帽间，虽然收纳容量会减少，但能够兼顾全局的动线设计，更实用。

洗澡、更衣和洗衣的空间整合在一起。洗衣机靠近浴室放置，可以方便重复利用洗澡剩下的水。由于家人使用洗手台的频率比洗衣机更高，所以洗手台最好靠近门口。

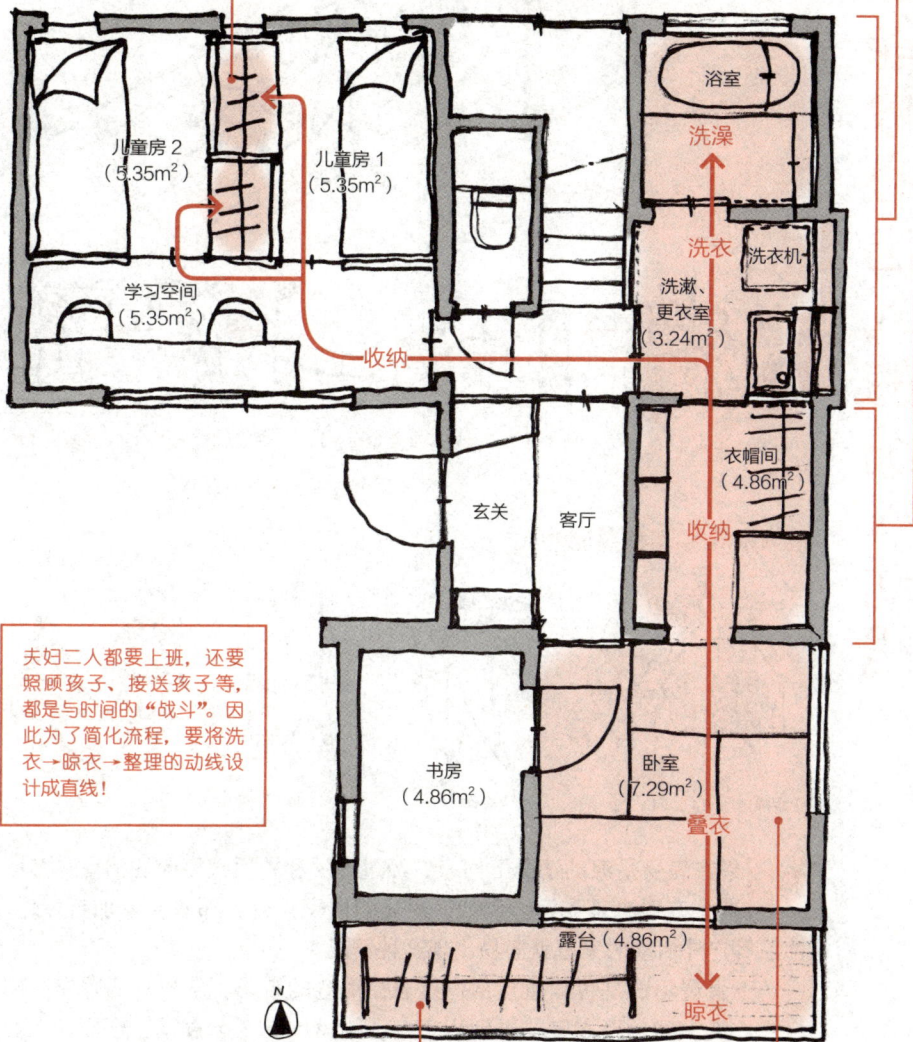

儿童房2
（5.35m²）

儿童房1
（5.35m²）

学习空间
（5.35m²）

收纳

浴室

洗澡

洗衣

洗衣机

洗漱、更衣室
（3.24m²）

衣帽间
（4.86m²）

收纳

玄关

客厅

夫妇二人都要上班，还要照顾孩子、接送孩子等，都是与时间的"战斗"。因此为了简化流程，要将洗衣→晾衣→整理的动线设计成直线！

书房
（4.86m²）

卧室
（7.29m²）

叠衣

露台（4.86m²）

晾衣

N

如果有一个小露台或阳台，晾晒衣物就会更方便。为了防止突然下雨，可以做一个挡雨的屋顶或屋檐。

家中如果是木地板，人们就不太愿意将洗好的衣物直接放在地上，而是习惯堆在椅子或床上；如果是榻榻米地板，就可以毫无顾忌地将衣物放在地上再叠。

不把尘土带入客厅

洗漱·更衣间

如果在外面弄脏了，不必从玄关进门，而是从露台直接进入更衣室和浴室换洗，这样家里就不会脏了。

回家　　　脱衣→洗澡→洗衣　　　晾干衣服取下　收纳进衣橱

回家时容易满身是泥的人

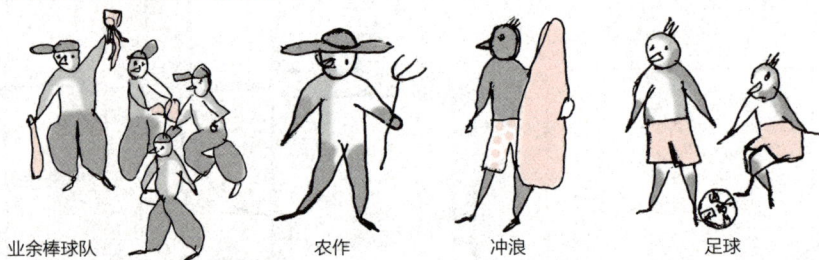

业余棒球队　　　农作　　　冲浪　　　足球

如果在满身是泥的情况下回家，经过客厅和餐厅直接前往浴室，客厅就会变得满是泥污。例如，遛完狗回家，或者那些会参加打棒球、冲浪等户外活动的家庭就容易出现这种情况。

下页展示的是可以直接从户外通往浴室的布局。从户外的晾衣区到洗衣、洗漱间，更衣室，再到浴室，动线设计成一条直线。这样，人们可以在进入室内后，将脏衣服直接扔进洗衣机进行浸泡和预洗，然后进入浴室淋浴。这种设计通过尽可能短的动线处理污渍，避免了将泥污带到屋内其他区域。

从露台直达浴室的方案

在浴室安装了推拉窗，确保通风和采光。在充满开放感的舒适浴室里，不管是参加社团活动后筋疲力尽的孩子还是大人，都能更好地消除疲劳。

在玄关内设置一个带鞋柜的过渡空间，即使不直接去浴室，也可以穿着脏鞋子进屋换鞋。这样一来，社团活动的器材、户外用品等沾满泥土的物品也可以方便地带进来，打扫起来也更容易。

N

冰箱

浴室（3.24m²）
洗澡

厨房（8.1m²）

卧室（9.07m²）

壁橱

洗衣机 / 洗漱、更衣室（3.24m²）
洗脸更衣室

客厅·餐厅（23.49m²）

鞋柜

如果衣物太脏了，就先放入水槽里浸泡片刻。

不会因晾晒的衣物遮挡视线，更加舒适。

不会把脏衣物带进屋，因此客厅总能保持干净。

叠衣

晾衣

L形的露台能够让晾晒处在客厅、餐厅看不见的地方。

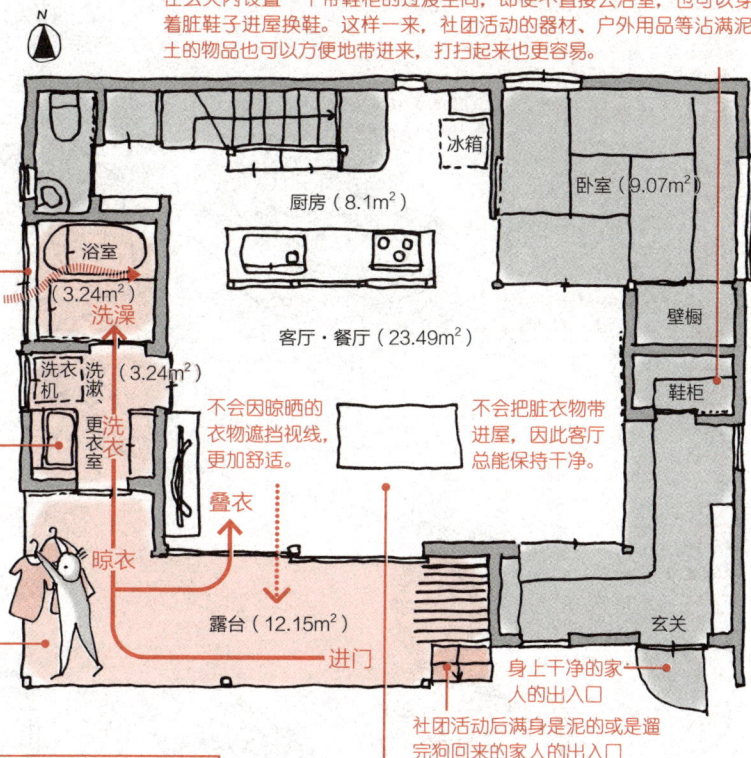

进门

露台（12.15m²）

玄关

身上干净的家人的出入口

社团活动后满身是泥的或是遛完狗回来的家人的出入口

这是一个回家后无须穿过客厅，就能直接前往洗漱·更衣室和浴室的布局。在换下脏衣服后，"洗衣"→"晾衣"的动线也是一条直线。

这所房子的起居室并没有使用常见的餐桌+椅子，而是以矮桌为中心的地板式座席。由于这样坐着视线更低，如果露台上晾着衣物就会挡住视线，让人产生压迫感。因此，露台的形状是否能够避免晾衣阻挡视线，就是提升舒适度的关键所在。

为"泥人"们推荐实验用水槽

沾满泥土的衣物在机洗之前，最好先放在洗手台内浸泡一会儿。但衣物过多的情况下，洗手台空间不够时，使用牙医诊所等常用的实验用水槽会更加方便。

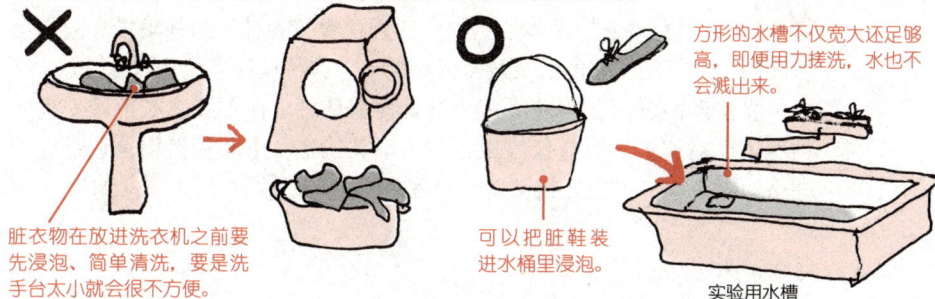

✕

方形的水槽不仅宽大还足够高，即便用力搓洗，水也不会溅出来。

脏衣物在放进洗衣机之前要先浸泡、简单清洗，要是洗手台太小就会很不方便。

可以把脏鞋装进水桶里浸泡。

实验用水槽

让浴室、洗漱间发挥应有的作用

悠闲地享受洗澡的乐趣

浴室经常会和洗漱·更衣间成套配置。如果把洗漱的地方设置在别处，就能够安静地洗澡了。对于人数多的家庭来说尤其有效。

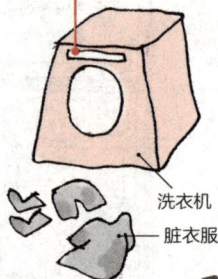

洗漱间（洗手台）设在外面，专门用于换衣、洗衣。

浴室
洗衣 + 更衣间

洗衣机

脏衣服

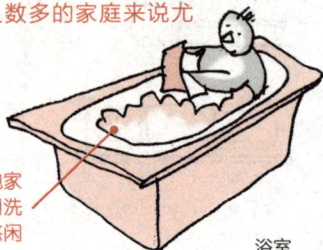

不用顾虑其他家人是否要使用洗漱间，能够悠闲地泡澡。

浴室
+
洗衣·更衣间

把浴室和洗漱间分开，充分发挥各自的作用，就能够更高效地利用。

毫无顾虑地使用洗漱间

人们会在洗漱间做很多事。如果同在一室，洗澡时如果有人进来，即便有门隔开，心里还是会不踏实。

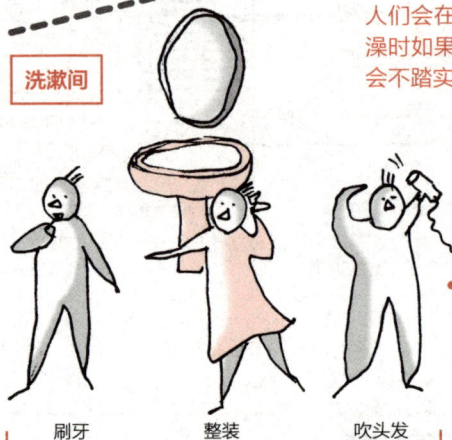

洗漱间

刷牙　　　整装　　　吹头发

洗漱间

客厅

最理想的刷牙方式是一颗牙刷 30 次。但很少有人会在镜子前待上 5 分钟——人们往往会到有电视的客厅刷牙。因此，洗漱间可以设置在靠近客厅的走廊上。

如果空间条件允许的话，将洗漱间与更衣间分离出来会更高效。这样可以避免洗衣、洗漱、更衣、整理仪容等各种行为都集中在同一个房间内，尤其是在家庭成员较多的情况下，这种设计会更加有效。

　　将洗漱间分离出来还有一个好处，就是可以在不被洗衣声音干扰的情况下，对着镜子检查仪容或化妆。下页就是一个实际案例，它设计了一个面向中庭、视野开阔又清净的洗漱间。

把洗漱间与更衣间分开的方案

离入口较远的狭长地块上，中间的房间容易变得昏暗。但如果设置一个中庭，不仅能创造出风景，还能为各个房间引入光线和空气。

因为家里人多，所以把卧室设计得比较紧凑，就需要另外准备一个地方来收纳被褥等体积较大的寝具。如果只有一个很大的衣帽间来收纳一切，除非非常擅长整理，否则很容易变得杂乱无章，使用起来也不方便。于是，我将步入式衣帽间隔成了两间，一间用于收纳寝具，另一间用于收纳衣物，引线所指的这个房间主要用来收纳寝具。

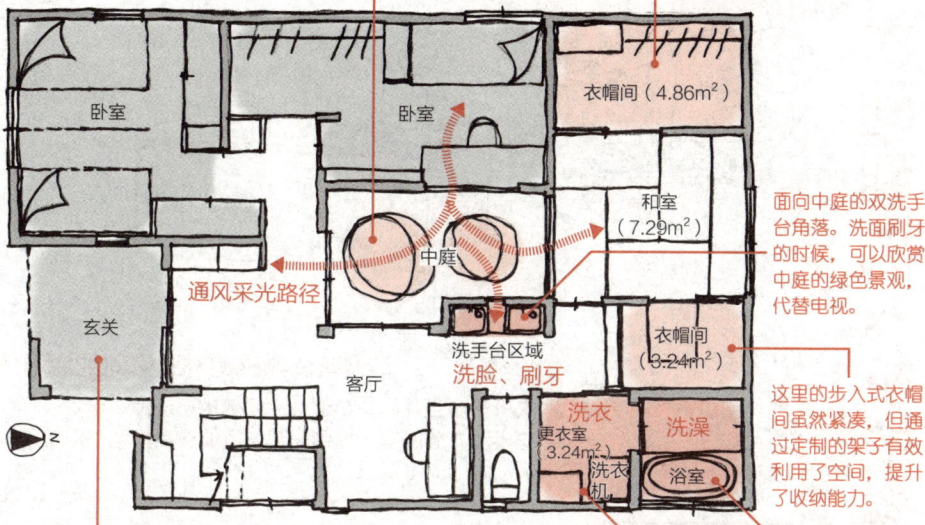

卧室

卧室

衣帽间（4.86m²）

和室
（7.29m²）

中庭

通风采光路径

面向中庭的双洗手台角落。洗面刷牙的时候，可以欣赏中庭的绿色景观，代替电视。

玄关

客厅

洗手台区域
洗脸、刷牙

衣帽间
（3.24m²）

这里的步入式衣帽间虽然紧凑，但通过定制的架子有效利用了空间，提升了收纳能力。

洗衣
更衣室
（3.24m²）
洗衣机

洗澡
浴室

一进入玄关，视线所及之处便是中庭。每次回家都能感受到愉悦，虽是小事，却能让日常生活变得更加丰富。

专门用于洗衣和更衣。由于没有洗手台，因此也可以确保有足够的空间来收纳浴后所需的毛巾等物品。

因为洗手间距离浴室有一段距离，所以可以更安心地享受沐浴时光。在沐浴过程中，家人不需要担心打扰到对方，也可以在需要时进入洗手间。

这个案例将洗手间和洗衣间分开，使每个空间都充满活力。虽然设置了双洗手台，但两台都配备可以洗头的淋浴功能就有些多余，所以有1台用于洗头就行了。

让更衣间更方便的物品

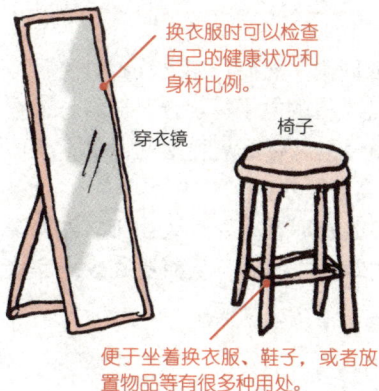

更衣室除了要准备毛巾和内衣，还有一些物品也很方便。虽然并不特别，但有了它们，更衣室的使用会更加方便，洗澡时也会非常实用。

换衣服时可以检查自己的健康状况和身材比例。

穿衣镜

椅子

如果有一个挂衣架的地方，就可以把不想拿出去的衣服（比如内衣，或者在雨天需要在室内晾干的衣服）直接挂在更衣室里。

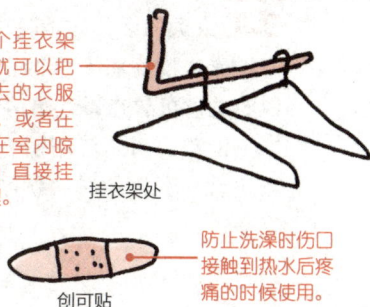

挂衣架处

便于坐着换衣服、鞋子，或者放置物品等有很多种用处。

防止洗澡时伤口接触到热水后疼痛的时候使用。

创可贴

把洗衣机移出更衣间的好处

把洗衣机放在厨房旁边，就能在做饭的同时洗衣服

在厨房旁边放一台洗衣机，可以在厨房做家务的同时洗衣服。当然，也可以像下页那样把洗衣机放在厨房里。

厨房

厨房 + 洗衣机

没有洗衣机的洗漱空间更加清净

把洗衣机移出更衣间，让这个空间专用于洗漱、更衣。不仅不会与要洗衣服的家人撞到一起，还能更安静地使用洗漱间和浴室。

洗漱 + 更衣室 浴室

BYE BYE！

当你正在泡澡放松时，如果洗衣机在旁边轰隆隆地运转，或者一直发出电子提示音，很容易让人感到烦躁。如果能避免这种情况，就不会再有类似的烦恼了。

洗衣机

浴室

洗漱 + 更衣间

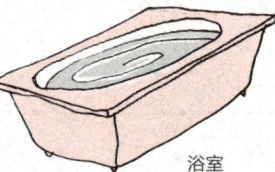

我们通常把洗衣机放在洗漱间或更衣间内。然而，如果洗衣机离厨房太远的话，做饭时可能会听不到洗衣机的电子提示音，导致忘记查看洗衣进度而将衣服留在洗衣机内。如果不需要重复利用洗澡水，就可以将洗衣机放在靠近厨房的位置，以提高家务效率。

由于厨房是使用明火的地方，人们通常不会离开太久，所以如果洗衣机就在旁边的话，就可以在做饭的同时洗衣服等，从而更高效地完成家务。

以厨房为起点的洗衣动线方案

将厕所设置在洗漱更衣区，并用隔断分区，以节省空间。洗好的衣物经由卧室送往晾衣处。这是搬运沉重湿衣物的最短路线。

把洗衣机放置在更衣室外面。

既能随时留意灶台的情况，又能兼顾洗衣进度。

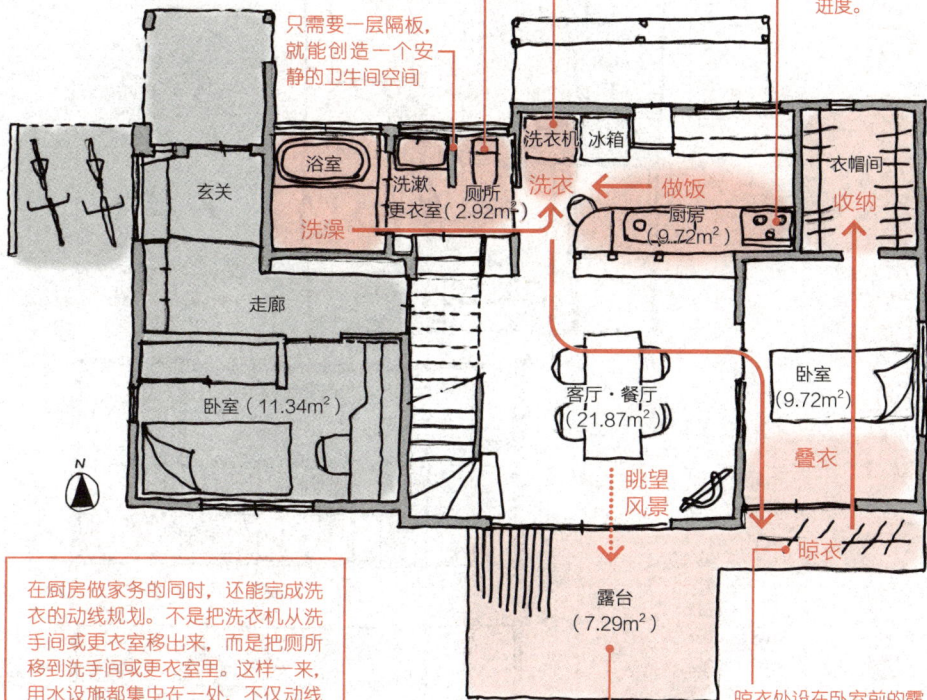

只需要一层隔板，就能创造一个安静的卫生间空间

浴室

玄关

洗衣机　冰箱

衣帽间

洗漱·更衣室（2.92m²）

厕所

洗衣

做饭

收纳

洗澡

厨房（9.72m²）

走廊

客厅·餐厅（21.87m²）

卧室（9.72m²）

卧室（11.34m²）

叠衣

N

眺望风景

晾衣

在厨房做家务的同时，还能完成洗衣的动线规划。不是把洗衣机从洗手间或更衣室移出来，而是把厕所移到洗手间或更衣室里。这样一来，用水设施都集中在一处，不仅动线更加高效，设备布局也更加合理。

露台（7.29m²）

晾衣服的地方特意避开客厅门窗，以确保视野开阔。

晾衣处设在卧室前的露台上，便于收好衣服后在卧室整理。

让洗衣变得有趣

好的工具会成为我们积极享受洗衣的契机。即使是小小的晾衣夹，设计也多种多样。还可以积极尝试阳台窗帘等方便的工具。

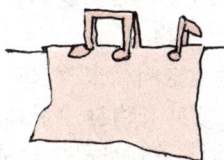

音符形晾衣夹

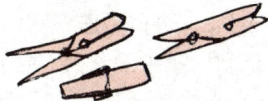

木制晾衣夹

阳台窗帘可以挡住外面的雨水，使我们下雨天也能毫无压力地把衣服晾在阳台

吊篮形晾衣夹

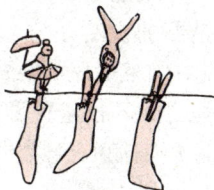

个性化设计晾衣夹

阳台窗帘

让衣物远离花粉侵扰的室内晾衣法

利用家中楼梯间晾衣服的方案

暖空气会聚集在房屋上方，正好可以用来晾衣服。

可升降式晾衣竿能够装在天花板上，需要时放下来即可使用。

2.1m

2F

1.69m

晾衣服

楼梯间

1F

楼梯间通常被设置在北侧，但我会特意将楼梯间设计在南侧，以便照到阳光。

也许有人会担心外面能看到屋内晒的衣服，其实白天室内比室外更暗，外面是看不见屋内情况的，所以无须担心这点。

挑空空间

通往 1F

楼梯间

2F

在玄关上方的楼梯间规划晾衣区的案例。楼梯空间从而得到了充分的利用，不再仅是供人通过的通道。布局在日照充足的南侧，顶部安装了升降式晾衣竿。

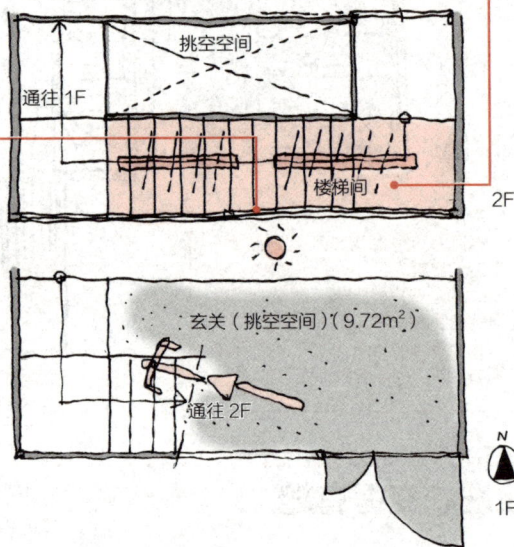

玄关（挑空空间）（9.72m²）

通往 2F

N

1F

对花粉症患者来说，在室外晾晒衣物有可能会导致花粉附着在衣物上，加重过敏症状。因此，可以考虑在室内自然晾干衣物。

一种可行的方法是利用家中的玄关、楼梯间的挑空空间[1]来晾衣服。在其顶部安装带有湿度传感器的换气扇，不仅可以帮助衣物自然干燥，还能通过衣物释放的水分增加室内湿度，使空气更加湿润。此外，这种设计还能让室内充满清新的自然香气，尤其适合双职工家庭——即使白天家中无人，衣物也能在自然通风中干燥。

这种室内自然干燥方式不仅避免了衣物被花粉附着的风险，还能减少使用烘干机带来的能源消耗和衣物磨损。

① 挑空空间指的是建筑中的一种设计，通过在室内空间中设置较高的、没有楼板隔断的部分，来增强空气流通和空间的开阔感。

利用通风的阳光房晾衣服的方案

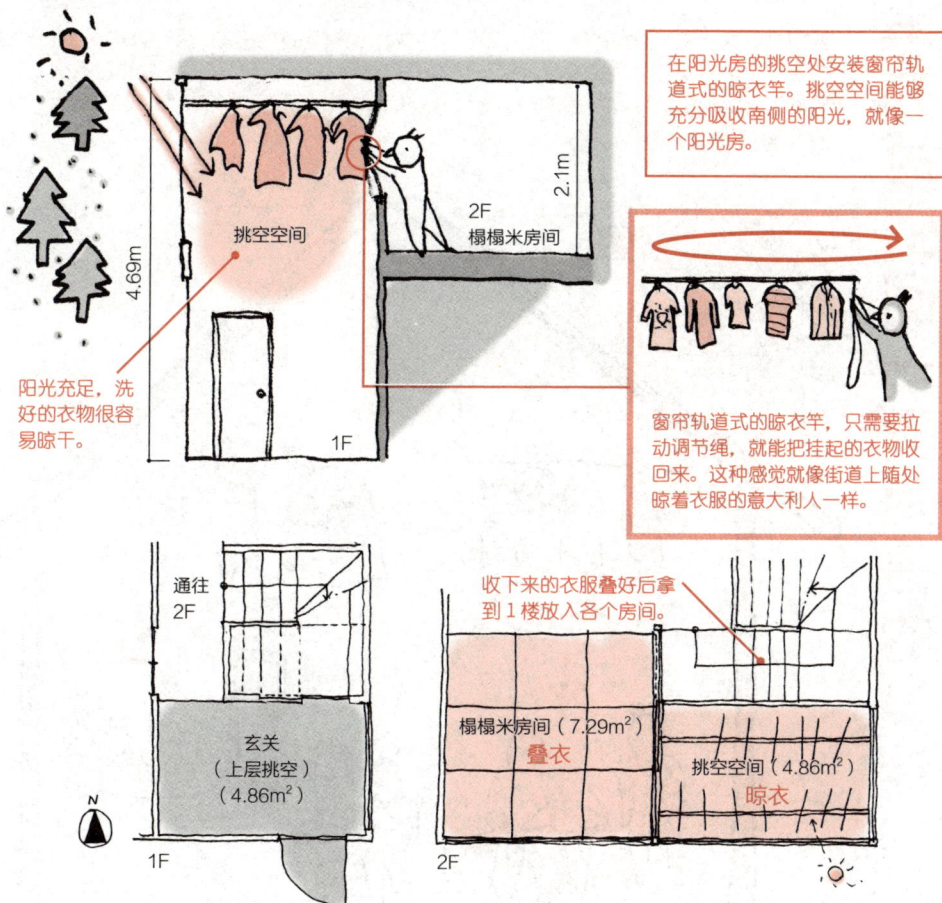

在阳光房的挑空处安装窗帘轨道式的晾衣竿。挑空空间能够充分吸收南侧的阳光，就像一个阳光房。

2.1m

2F
榻榻米房间

4.69m

挑空空间

1F

阳光充足，洗好的衣物很容易晾干。

窗帘轨道式的晾衣竿，只需要拉动调节绳，就能把挂起的衣物收回来。这种感觉就像街道上随处晾着衣服的意大利人一样。

通往2F

玄关
（上层挑空）
（4.86m²）

N

1F

收下来的衣服叠好后拿到1楼放入各个房间。

榻榻米房间（7.29m²）
叠衣

挑空空间（4.86m²）
晾衣

2F

不使用烘干机的干燥方法

很多人不喜欢使用烘干机，觉得用烘干机烘干衣物会导致布料受损或者沾上奇怪的味道。其实烘干衣服的关键在于用风除湿。除了烘干机，还有很多能干燥衣物的方法。

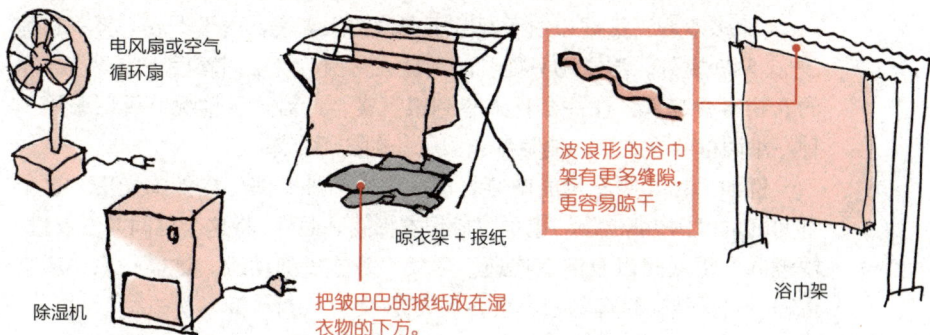

电风扇或空气循环扇

除湿机

晾衣架＋报纸

把皱巴巴的报纸放在湿衣物的下方。

波浪形的浴巾架有更多缝隙，更容易晾干

浴巾架

在半开放的阳光房里做完所有事

对阳光房这样阳光充足的半开放空间进行扩展，使其与室内相连，就可以将洗衣、熨烫、梳洗打扮等事情全部整合到一个连通的空间中。这样一来，不需要把衣服晾到室外，就能满足日常需求，对于受花粉症困扰的家庭来说非常实用。如果担心防盗问题，可以在白天也开启闪光警示灯，或者将这个空间设置在二楼。

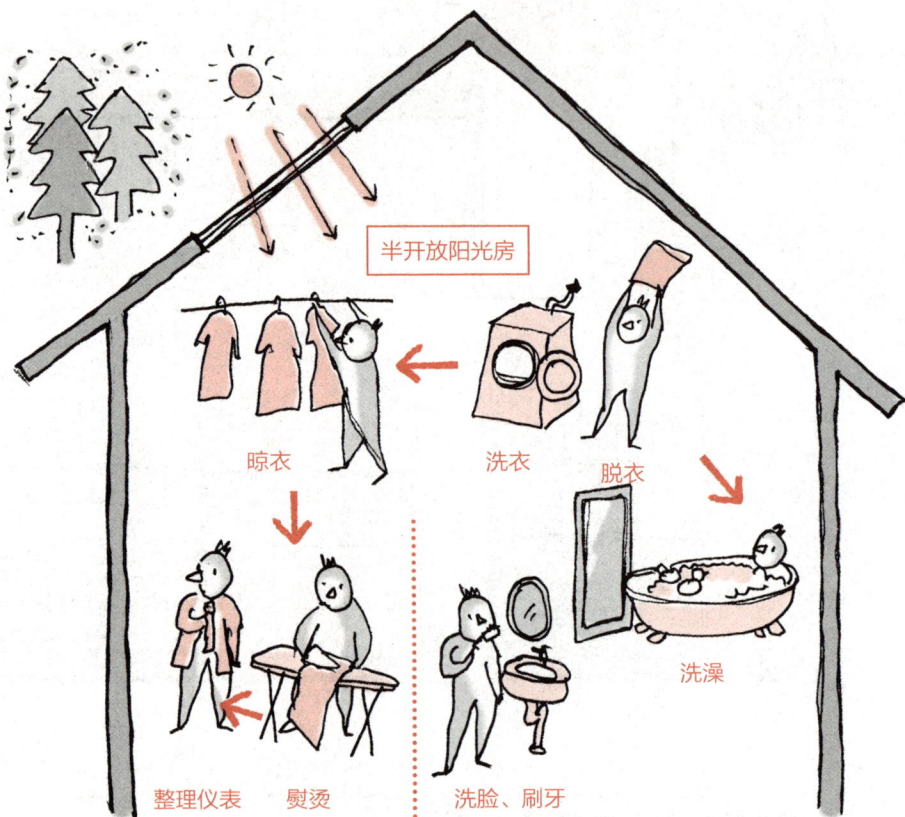

半开放阳光房

晾衣　　　洗衣　　脱衣

整理仪表　熨烫　　洗脸、刷牙　　洗澡

晾衣服的地方还能兼作衣帽间，不仅能节省整理的时间，
还能使挂着的衣服一目了然，便于穿戴。

对很多双职工家庭或白天经常不在家的人来说，由于不放心将衣物晾晒在室外，湿衣物只能长时间挂在室内。晚上回家后，收下冷冰冰的衣物再叠起来，往往会让人感到很沮丧。针对这种情况，可以采用一种一举两得的方式：一侧晾湿衣服，一侧挂干衣服。

例如，在日照充足的南侧打造一个半户外空间，比如阳光房。这个空间既可以作为晾晒区，也可以兼作衣帽间。此外，将这个房间与洗衣机、洗漱间、更衣间以及浴室连通，形成一条连贯的动线。这样一来，所有流程一目了然，整理的效率也会大大提高。

连通阳光房的连贯用水空间

室内晾晒

在玻璃阳光房内晾晒衣物。还能把光线和通风引入洗漱·更衣间，直线排列的用水空间十分舒适。

洗衣、熨烫

将洗衣区域设计得宽敞一些，以便进行熨烫。与阳光房之间不设隔断，从而实现洗衣→洗澡，再到整理仪表等一系列活动都在一条直线上完成。

洗澡

浴室就像是阳光房的延伸，在充满开放感的氛围中享受沐浴的乐趣。

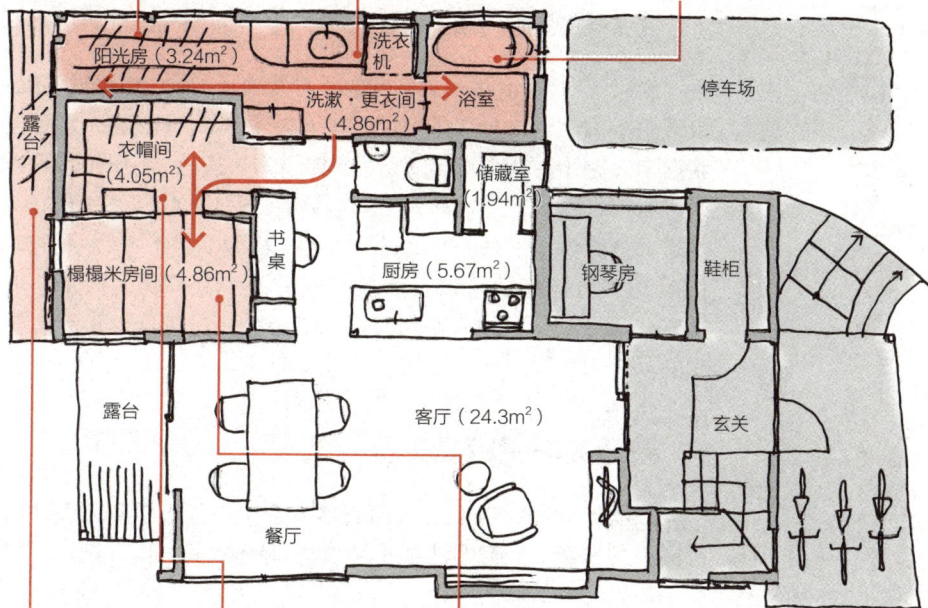

阳光房（3.24m²）

洗衣机

洗漱·更衣间（4.86m²）

浴室

停车场

露台

衣帽间（4.05m²）

储藏室（1.94m²）

书桌

榻榻米房间（4.86m²）

厨房（5.67m²）

钢琴房

鞋柜

露台

客厅（24.3m²）

玄关

餐厅

室外晾晒

考虑到在室外晾衣的需求，有一个露台会很方便。

整理

把衣服熨好之后直接挂到衣帽间里。旁边是榻榻米房间，如果需要叠衣服也很方便。

叠衣

不需要熨烫的衣服可以直接从阳光房搬到榻榻米房间里叠起来。

> 在这个案例中，住户为了平时能够在室内晾衣服，建造了一个阳光房，并且将其与宽敞的可熨衣服的洗漱·更衣间打通了。

室内晾衣空间的推荐

虽然本书推荐在阳光下晾衣服，但也有家庭会选择在室内晾晒。在这种情况下，要以室内有足够的晾晒空间为前提来考虑住宅布局。如今的住宅通常密闭性高，使用空调的时候空气会很干燥，因此在室内晾衣服还有一个好处是可以给空气加湿。但需要注意的是，如果家中换气和隔热条件不好，反而容易凝结露水。

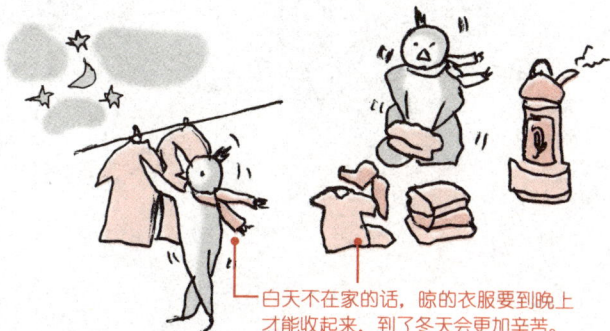

白天不在家的话，晾的衣服要到晚上才能收起来，到了冬天会更加辛苦。

向生活达人取经③

我们每天都会有要洗的衣服。脏衣物不宜堆积，要及时清洗。所以生活达人往往很清楚如何让洗衣这件事变轻松，并且知道哪些工具可以帮助他们。

了解自然晾干的好处

据我所知，生活达人大多倾向于自然晾干衣物。相比烘干机，自然晾干的麻烦之处无非是将洗好的衣物拿出去晾晒，然后再收起来，整个过程最多花费10分钟。如果连这10分钟的精力或时间都难以挤出来的话，借助电器的力量或许是更好的选择。不过，自然晾干带来的好处是巨大的：比如晒得干爽的牛仔裤、在阳光下晒得蓬松且带有清新空气的浴巾、柔软的袜子……这些"晒过太阳"的衣物所具备的舒适感，是机器烘干无法替代的。

精选高质量晾晒工具

以衣架为例，生活达人们当然不会使用普通干洗店那种肩部突出的衣架。他们会选择一种"8"字形衣架，这种设计不仅

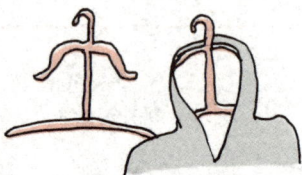

卫衣或高领毛衣专用衣架　　　　铝制或不锈钢伞形衣架　　　　"8"字形衣架

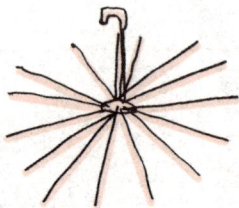

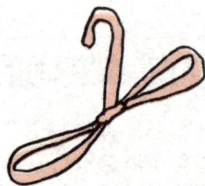

能让衣物（如卫衣或高领毛衣）更快地晾干（速度通常比普通衣架快 3 倍），而且材质一般是铝或不锈钢，不会生锈，表面经过防滑处理，衣物不会轻易滑落。此外，这些衣架通常配有收纳装置，可以整齐地存放在洗衣机旁，甚至可以用磁铁固定，非常方便。

再比如晾衣夹，他们不会使用常见的粉色或蓝色塑料夹子，而是更倾向于选择不锈钢材质的夹子，不仅美观，而且不使用时可以折叠收纳，方便实用。一些设计还避免了夹子在展开时相互缠绕。此外，伞形衣架也多选择铝或不锈钢材质。

晾晒工具的选择也非常多样，包括可折叠的 6 翼晾衣架、可拆卸的室内晾衣架（不用时可以取下，避免遮挡视线）、带滚轮的挂钩晾衣架（平时可以作为客人的外套架，雨天则可以用作室内晾衣架）、波浪形的浴巾晾衣架（便于空气流通）等。这些工具不仅实用，而且在设计上也注重美观，甚至连上面的晾衣夹都会采用不锈钢或木质材料，确保晾晒时的整体美感。

选择环保型洗衣剂

要善于使用天然成分的洗衣剂，如天然油脂、柠檬酸、小苏打等（可参照119 页），甚至还可以使用烤过的扇贝壳粉末。这种粉末不仅可用于洗衣，还具有除臭效果，甚至可以用来清洗蔬菜和大米等食品。

做饭和洗衣都能用的贝壳粉　　　　可移动的滚轮晾衣架　　　　可以安在洗衣机侧面的
　　　　　　　　　　　　　　　　　　　　　　　　　　　　磁吸衣架收纳

掌握熨烫技巧

熨烫台要设置在随时能用的地方，或者使用便携式的熨烫垫（一种小型的熨烫用具），可以在桌面上快速熨烫衣物。这种熨烫垫甚至可以用来熨烫还穿在身上的衬衫。此外，一些熨烫台的盖子也可以直接作为熨烫垫使用。如今，许多人更倾向于使用蒸汽熨斗，直接在挂好的衣物上熨烫，轻松去除上面的褶皱。

与干洗店建立良好的关系

养成定期将衣物送到同一家干洗店的习惯，并且在换季时利用店里的"寄存服务"，可以将衣物存放到下一个季节。由于干洗店已经熟悉你的偏好，因此在折叠或悬挂衣物时无须过多说明，彼此之间已经建立了高度的理解和信任。这种长期合作带来的信任是无法用金钱买到的。

可以变成熨烫台的
熨斗收纳盒

熨烫手套

熨烫垫

第四章

让空间更加生动的
收纳时间压缩术

先要注意看得见的物品

节省时间的"可视化"收纳

鞋子

从箱子里拿出来摆放，便于检查破损情况，还不会受潮。

从箱子里拿出来一目了然地并排放好，搭配时也会更方便。

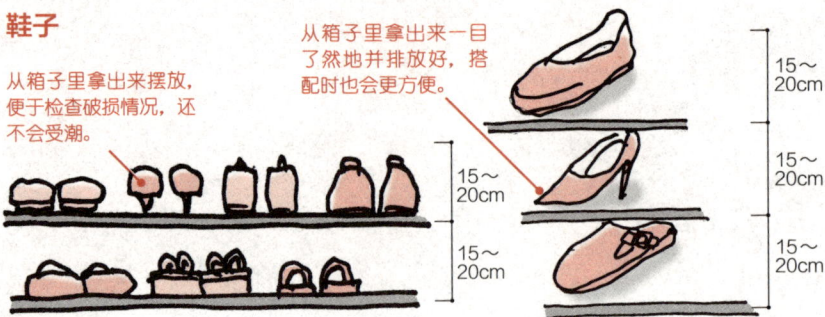

15～20cm

15～20cm

15～20cm

15～20cm

15～20cm

衣物

堆放的衣服很容易倒塌，所以叠放 3 层左右（约 25cm 高）最佳。

衣柜的进深应根据叠衣服的尺寸来定(约 30cm 深)。

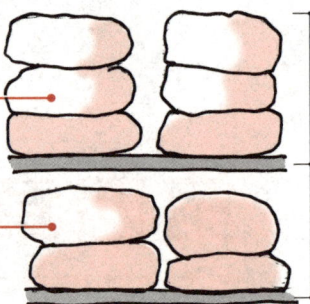

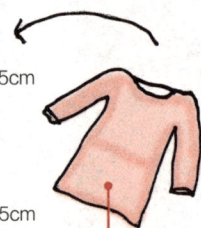

～25cm

～25cm

衣物按面料分类，便于搭配和保养。

书籍

文库　杂志　单行本

	所需尺寸	（实际尺寸）
杂志	30cm×23cm	(25.7cm×18.2cm)
单行本	22cm×16cm	(18.2cm×12.8cm)
文库本	18.5cm×12cm	(14.8cm×10.5cm)
CD	15.5cm×19.5cm	(12.5cm×14.2cm)

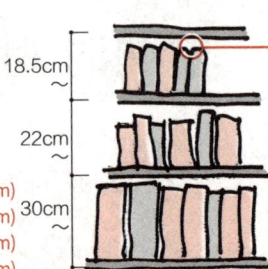

18.5cm～

22cm～

30cm～

如果书架的高度刚好与书的高度一样，取书时会很困难。留 1 指宽（3～5cm）的缝隙是最理想的。

让物品处于"可见"状态，能够直接有效地节省寻找和整理的时间。因此，我们应该积极利用"可视化收纳"。

例如，去掉衣柜的柜门，让衣物一目了然，不仅方便搭配，还能避免湿气积聚。当衣物始终处于可见状态时，也就不会再出现"我居然还有这样的衣服？"之类的情况。对于书籍，只要摆放得便于取用，就能避免它们被闲置在书架上积灰。此外，在类似杂物间这种多功能收纳空间中，无论是户外用品还是季节性家电，都应该有意识地让它们保持"可见"状态。

储物间也要"可视化"

别让多功能收纳空间沦为杂物堆

即使是多功能收纳空间，只要秉持"让物品看得见"的收纳意识，杂物间也能焕发生机，变得实用而有生活感。铁律是不在通行区域堆放杂物，确保动线畅通。想一想房屋每平方米的房价或租金成本，我们就会意识到被囤积物品占据的空间也是家庭支出的一部分，因此，要努力做到高效收纳。

把杂务间或鞋柜变成多功能收纳空间

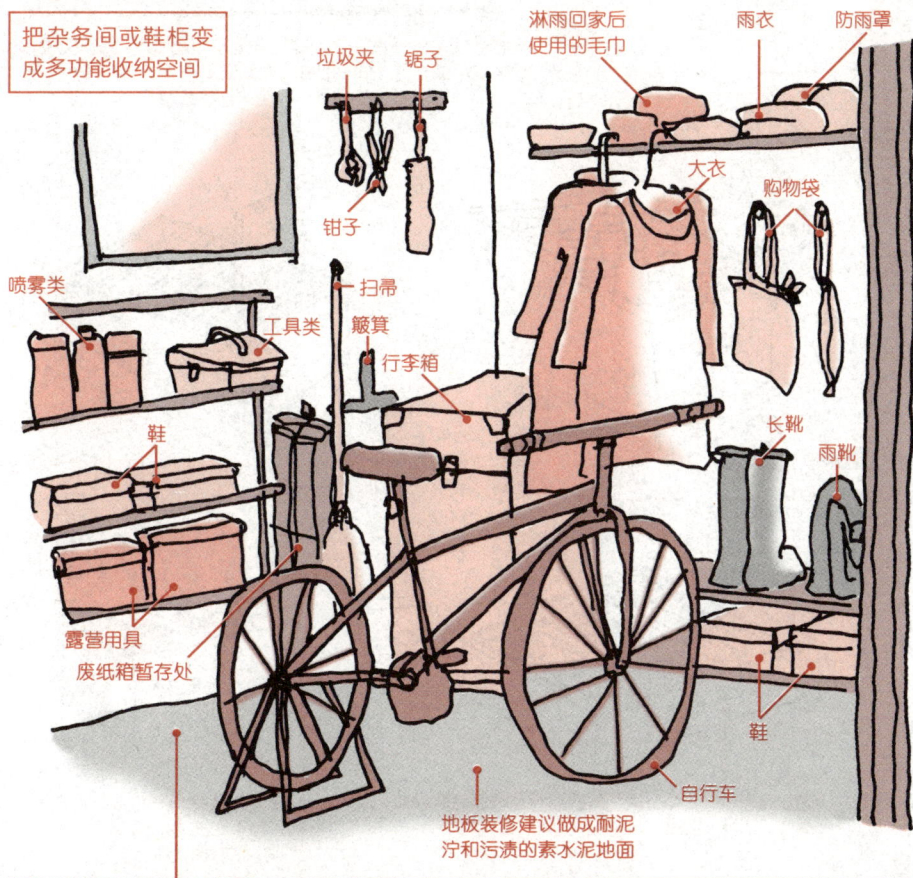

垃圾夹　锯子

钳子

喷雾类

工具类　簸箕

扫帚

行李箱

鞋

露营用具

废纸箱暂存处

淋雨回家后使用的毛巾　雨衣　防雨罩

大衣

购物袋

长靴

雨靴

鞋

自行车

地板装修建议做成耐泥泞和污渍的素水泥地面

季节性使用的物品和家电也要能轻松取出

把一些只会在特定季节使用的，或是使用频率很低的东西收进箱子里后，可以在箱子外侧写明里面装的是什么。为了方便日后拿取，箱子不要叠放。重点在于每次用完后都要保证下次使用时能够轻松拿出来。

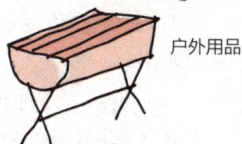

电风扇

火炉

露营用具

女儿节人偶

户外用品

最好全都排成一列

摆在架子上时

并排摆放是最简单的方式。但是这需要足够多的空间，所以下面会介绍抽屉、收纳盒等箱型收纳的用法。

15～21mm

置物架如果长时间放置重物，就很有可能会产生变形。因此根据物品的不同，架子的厚度要保证 15～21mm 厚。

收进箱子里时

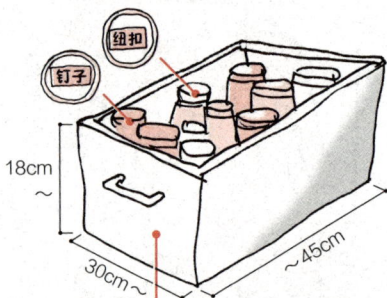

钉子
纽扣

18cm～
30cm～
～45cm

把物品放进抽屉时，可以在瓶盖上做记号或者按颜色区分，以便从上往下看时能轻松识别。

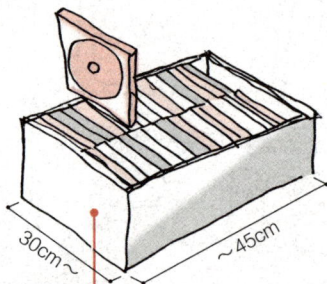

30cm～
～45cm

放 CD 时建议把标签朝上，把艺术家名字按照 ABC 的顺序排列。

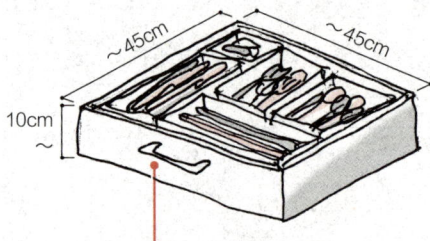

～45cm
～45cm
10cm～

把抽屉分隔成一块块拼图般严丝合缝的区域来收纳物品。餐具、调料，甚至创可贴等常备药。

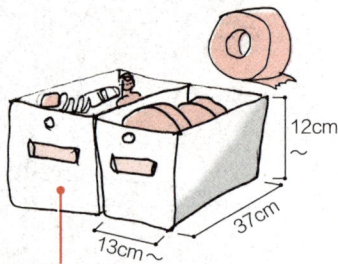

12cm～
13cm～
37cm

胶带等包装材料和电线之类的物品，可以分类装进收纳盒，并在盒子上贴好标签。

收纳的目的并不是单纯地将物品收拾得干净整洁，而是要能够灵活利用收纳起来的物品。为此，能够在需要的时候立刻取出并使用，这才是关键。即使是放在抽屉里的东西，也应该能够立刻被找到，并且可以随时使用。此外，为了确保下次使用时不会感到任何压力，收纳方式也同样重要。我们要努力实现那种能够让人立刻找到并使用物品的收纳效果。

不过，为此而特意去购置新的家具是完全没有必要的。我们可以通过巧妙利用现有的收纳用品或产品，进行改造或调整，来高效地整理物品。

让物品一目了然的小巧思

鞋盒

找鞋子的时候为了避免逐一打开，可以用手机等设备给鞋子拍照，洗出小样后贴在鞋盒上。

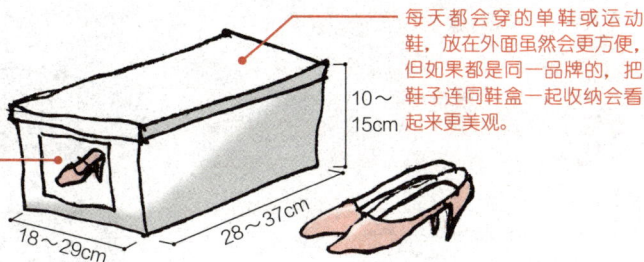

每天都会穿的单鞋或运动鞋，放在外面虽然会更方便，但如果都是同一品牌的，把鞋子连同鞋盒一起收纳会看起来更美观。

10～15cm

18～29cm

28～37cm

首饰

树枝

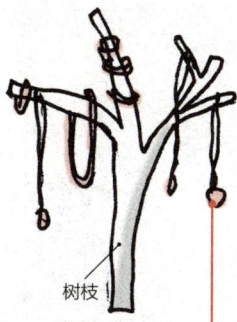

可以利用树枝来挂项链、戒指、手镯等饰品。

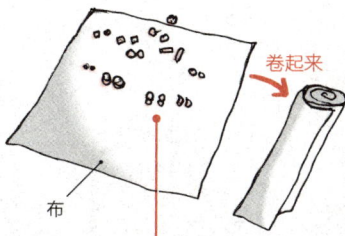

布

卷起来

耳环类可以扎在布上，再把布卷起来收纳，这样能够节省空间。

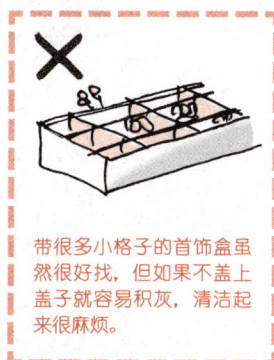

✗

带很多小格子的首饰盒虽然很好找，但如果不盖上盖子就容易积灰，清洁起来很麻烦。

邮票

为了方便快速地找到需要的邮票，可以按邮资和图案分类存放。风景、动物、交通工具、花朵等，心里想着收信人的样子来挑选图案也是一件乐事。

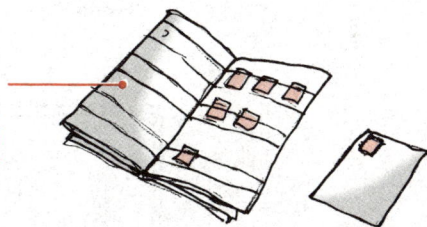

刀具

磁吸收纳条

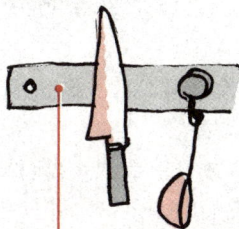

每天都会使用的刀具更应该放在容易看到的地方。用磁铁贴在墙上也很好看。

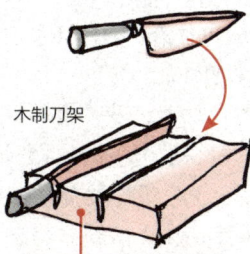

木制刀架

也可以在木板上根据自己的需要进行切割，自制一个可以放进抽屉的刀架。

✗

刀架

这种刀架可以固定在水槽下的柜门内侧，不容易被小孩拿到，这点很令人安心，但如果不经常清洗收纳盒，就会很不卫生。

为收纳赋予一些目的

把食材的预处理作为收纳的一部分

使用箩筐晾晒蔬菜

用箩筐晾晒蔬菜也可以看作一种收纳食材的方式。在竹筐中晾干的蔬菜不仅风味更佳，光是看到那摆满蔬菜的竹筐，心里就会十分满足。

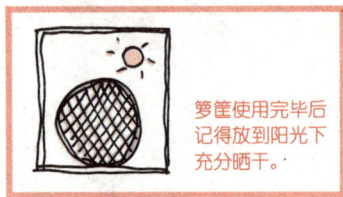

胡萝卜、萝卜、香菇等

萝卜叶、月桂等

箩筐使用完毕后记得放到阳光下充分晒干。

牛至、洋甘菊、鼠尾草、百里香、薰衣草、迷迭香等

果实类的加工和摆放

洋葱、大蒜、柿子、辣椒等可以挂起来，既能保持干燥，又能妥善收纳。香蕉、苹果等水果别放到冰箱或储藏室里；可以摆盘后直接放在桌上作为装饰。

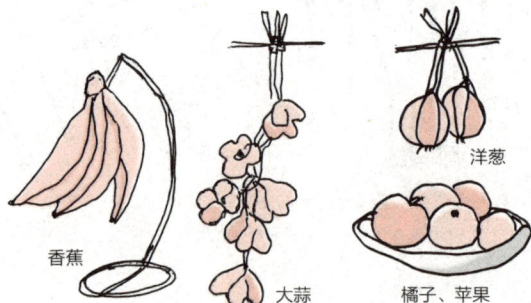

香蕉

大蒜

洋葱

橘子、苹果

边种边用

每次都买现成的香草会很贵，自己种就会比较划算。在厨房的窗台上就能种上几盆。新鲜香草的味道与干香草的味道也大不相同。

意大利欧芹、香菜、百里香、罗勒、欧芹、薄荷、玫瑰天竺葵、迷迭香等

收纳并不仅仅是整理和收拾。我们还可以更进一步，通过开放式的展示为收纳赋予更多的功能。

例如，在厨房准备食材时，我们需要注意那些常用工具（如滤网）的材质。选择能长期反复使用的优质材料是非常重要的。

此外，对于调味品、卫生纸等物品，摆放的方式也很重要。我们需要让它们的状态一目了然，让人能够立刻察觉到它们的剩余量，并且在用完后去主动补充。我们的目标不仅仅是整齐地收纳，还要让这些物品在使用过程中充满活力，同时也能方便我们更好地管理。

兼顾"收纳"与"使用"

厨具和调料

放置厨房零散物品的地方最好是既能"放"又能"挂"的多功能管状置物架。

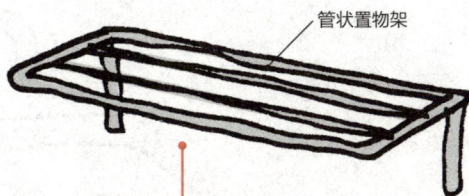

管状置物架

把香料和高汤的原料整齐地装在透明的容器中。这样其实并非只为随时能看到用量及时补充，还想让它们看起来更美观，心情也会随之变好。

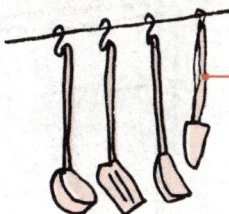

厨具可以都挂起来晾干。厨房也能被打造成一个赏心悦目的空间。

卫生纸

像卫生纸这种消耗品，最好也能整整齐齐地并排摆放，一眼就能看出什么时候需要补充。

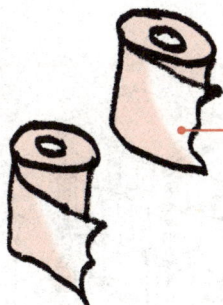

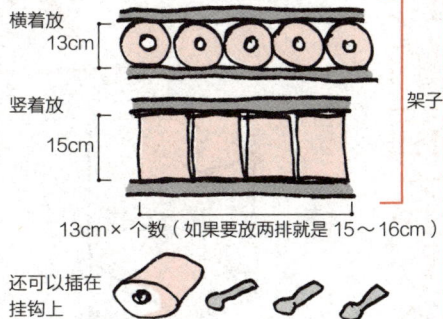

横着放
13cm

竖着放
15cm

架子

13cm × 个数（如果要放两排就是15～16cm）

还可以插在挂钩上

洗好的衣物、配饰

配饰以及洗好的衣物等也能兼顾"收纳"与"使用"。只要做到摆放一目了然，并且方便拿取使用，就满足了收纳的基本原则。

将墨镜、手表等配饰摆放在玄关的桌台上，不仅便于挑选，还能作为一种装饰增添住宅的时尚感。为了避免积灰，可以经常用掸子轻轻掸去浮尘，或者用超细纤维清洁布擦拭。

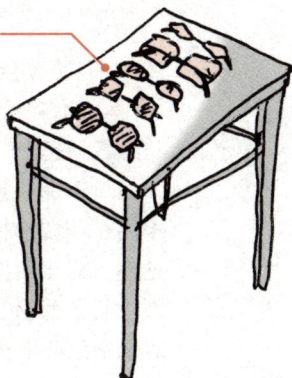

一个场所能够轮番用于多种用途。比如在洗漱间内晾干衣服之后，还能直接把这里作为衣柜来使用。

去掉水槽下方的门

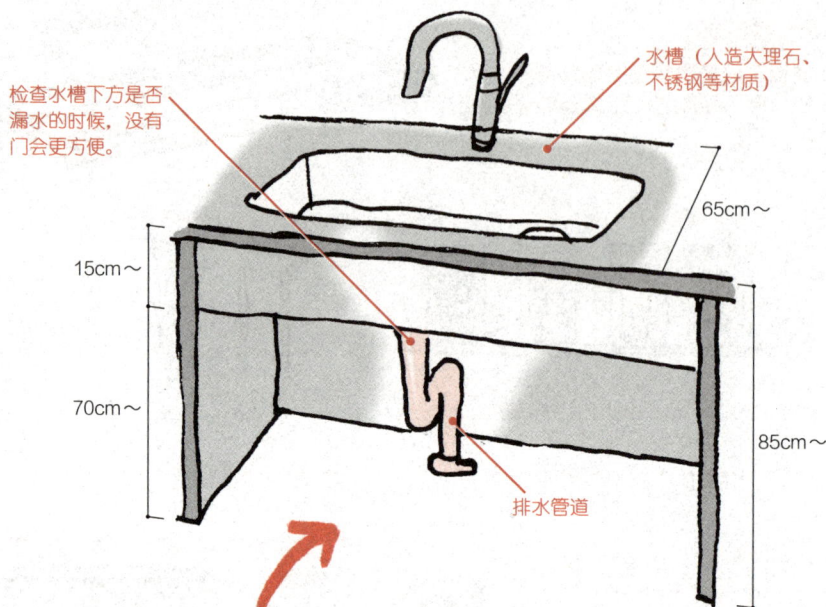

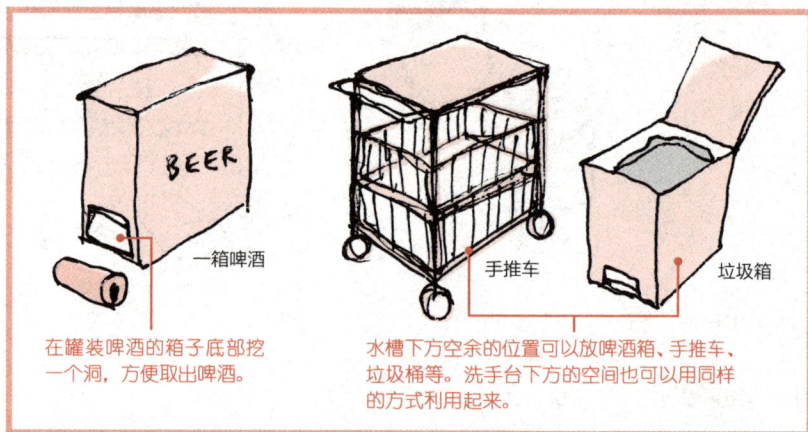

检查水槽下方是否漏水的时候，没有门会更方便。

水槽（人造大理石、不锈钢等材质）

65cm～

15cm～

70cm～

85cm～

排水管道

BEER

一箱啤酒

手推车

垃圾箱

在罐装啤酒的箱子底部挖一个洞，方便取出啤酒。

水槽下方空余的位置可以放啤酒箱、手推车、垃圾桶等。洗手台下方的空间也可以用同样的方式利用起来。

人们通常会认为柜门是家具必不可少的一部分，但柜门的真正意义是什么呢？我们是否只是将杂物一股脑塞进去，用柜门把杂乱无章的状态隐藏起来，从而陷入一种"逃避"的状态呢？

对于那些经常使用的物品，从方便取用的角度来看，其实并不需要柜门。例如水槽下方如果没有柜门的话，一旦漏水就能立刻察觉并及时处理。对于需要通风防潮的物品，没有柜门反而更加合适。当所有物品都一目了然时，人的心情自然也会变得清爽。让我们一起摒弃柜门，同时也把那些堆积成山的杂乱物品一并清理掉吧。

美观又整洁的悬挂式收纳

学习震教徒的智慧

震教徒（基督教某分支，倡导简朴生活）们拥有很多简约而实用的生活智慧。可以在墙上安装一种被称为"震教徒挂钩"的木制挂钩，小到帽子，大到椅子，都可以挂在上面。尽量不把东西放在地上，从而保持空间整洁有序，打扫起来也更容易。还能排除湿气，并且能迅速拿到要用的东西。

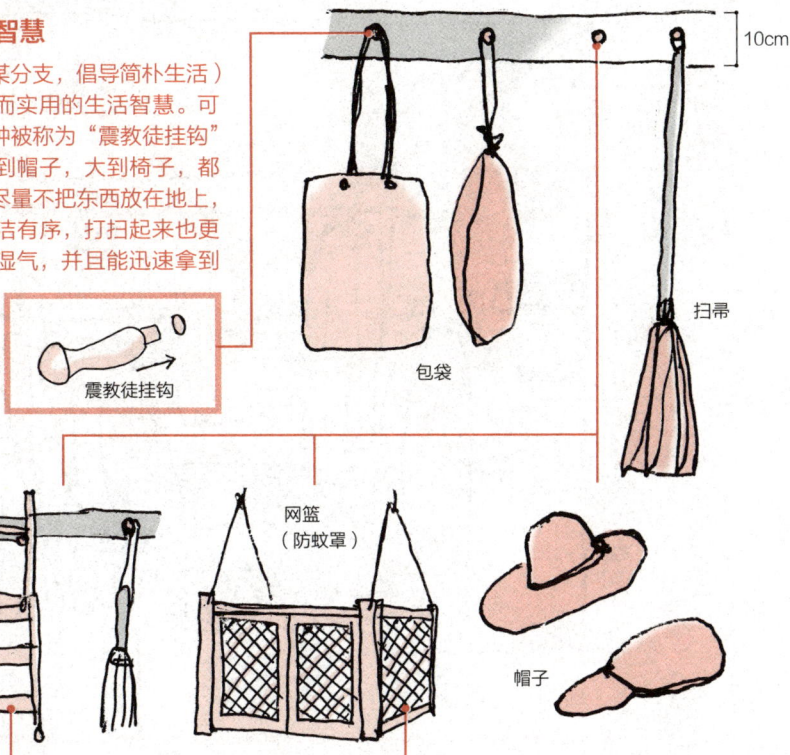

10cm

震教徒挂钩

包袋

扫帚

网篮
（防蚊罩）

椅子

帽子

震教徒在不使用椅子时会把椅子挂在墙上，让房间更加宽敞。这样一来，地板就会空出来，打扫起来也很方便。扫地机器人也能更顺畅地工作。挂椅子时注意不要超过挂钩的承重极限（震教徒使用的椅子通常设计简洁实用，椅面由纸质编织带制作，轻便而结实也是其特点之一）。

防蚊罩细密的织网能够在阻挡蚊虫的同时保持通风。在冰箱普及之前曾是存放食品时不可或缺的工具。如今也有很多人使用可折叠的布艺防蚊罩。

毛巾架的布置

一个设计合理的毛巾架可以有很多种用法。比如用来挂围巾，或是用木制晾衣夹、S 形挂钩等与布料进行组合，用来晾小件衣物等，都很不错。

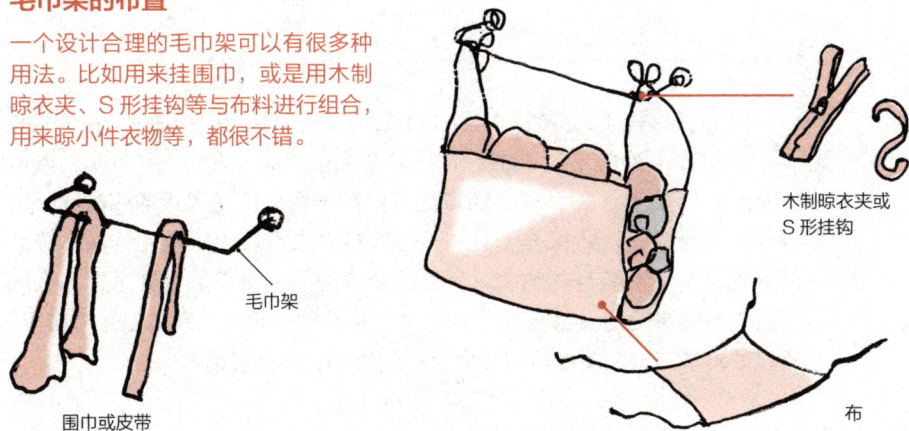

木制晾衣夹或
S 形挂钩

毛巾架

围巾或皮带

布

小空间也有超强收纳力

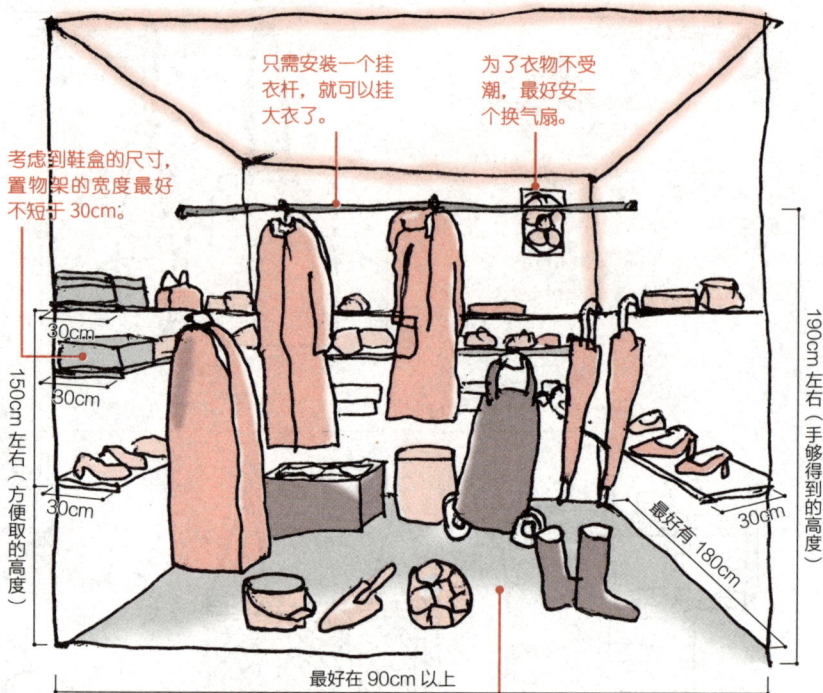

只需安装一个挂衣杆，就可以挂大衣了。

为了衣物不受潮，最好安一个换气扇。

考虑到鞋盒的尺寸，置物架的宽度最好不短于 30cm。

30cm

30cm

30cm

150cm 左右（方便取的高度）

190cm 左右（手够得到的高度）

30cm

最好有 180cm

最好在 90cm 以上

适合放在玄关处的好物

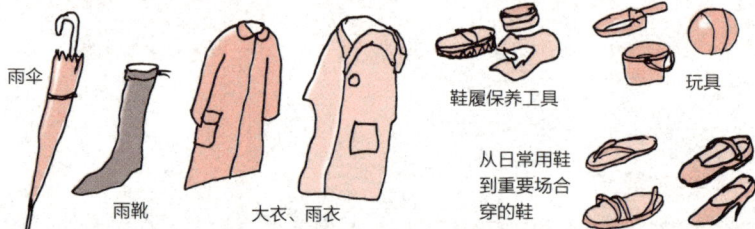

雨伞

雨靴

大衣、雨衣

鞋履保养工具

玩具

从日常用鞋到重要场合穿的鞋

多功能收纳空间（参照 93 页）中收纳鞋子的地方一般是玄关衣帽间。比起传统的鞋柜，我更倾向于向业主推荐这种设计。在日本，人均拥有 6～10 双鞋，那么一个四口之家的鞋子数量就是大约 40 双。此外，再考虑到雨伞、鞋履保养工具、外套等适合放在玄关附近的物品，普通的鞋柜可能无法满足收纳需求。要是狭窄的玄关里堆满了鞋子，那么进门就连个落脚的地方都没有了。而且，普通鞋柜的深度和高度往往有限，所以要打造一个玄关衣帽间，就算空间再小，也能灵活收纳。

传统鞋柜 vs. 玄关衣帽间

容量有限的鞋柜

❌

35～40cm

75～130cm

90～100cm

35～40cm

90～100cm

75～130cm

鞋柜台面上堆满了东西，雨伞也放不下，甚至还有一堆旧报纸。

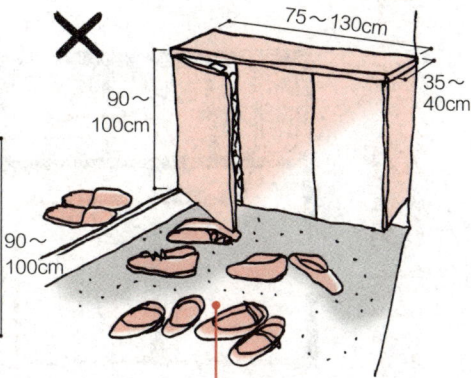

由于空间不够，总是有些鞋子摆在外面，玄关显得杂乱。

能够保证足够容量的玄关衣帽间

⭕

150cm

50cm

玄关衣帽间可以利用立体空间，因此收纳容量较大。如上页所示，还可以挂外套，出门时也会更加方便。

玄关衣帽间的门（入口）无须过大尺寸。这样就能够最大限度地利用有限的空间。

充分利用楼梯下方的空间

如果玄关没有足够的空间来设计衣帽间，那么利用楼梯下方的空间也是一个很好的选择。

⭕

～180cm 左右（并非一定要这么高）

最好在 90cm 以上

101

从家门口到冰箱

到家之后
到家之后，从换衣服、洗手到收纳的动线都在一条直线上。

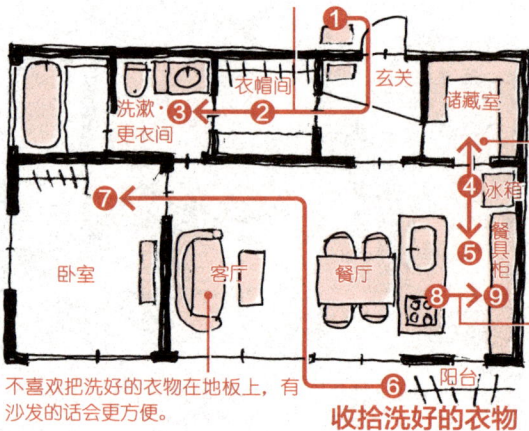

准备晚餐
冰箱紧挨储藏室，让存放食材的路线最短。

晚餐后
布局紧凑的岛式厨房，只需一个转身就能完成洗碗和收拾等家务。

收拾洗好的衣物

不喜欢把洗好的衣物在地板上，有沙发的话会更方便。

从回家到开始工作

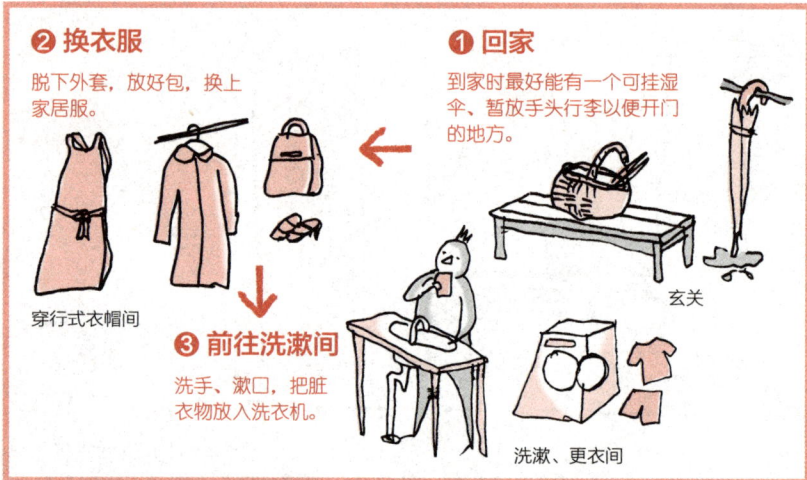

❷ 换衣服
脱下外套，放好包，换上家居服。

穿行式衣帽间

❶ 回家
到家时最好能有一个可挂湿伞、暂放手头行李以便开门的地方。

玄关

❸ 前往洗漱间
洗手、漱口，把脏衣物放入洗衣机。

洗漱、更衣间

在短短的一天里，我们总是需要反复拿取或整理各种物品。因此，要是收纳的空间能够合理分布在日常活动的路线上，使用物品时就会更加方便。

到家之后脱下外套，把手里的东西放在固定的位置，换好家居服。洗完手后，再去准备晚餐或收拾洗好的衣物。不妨思考一下如何通过合理设计收纳空间，让我们在日常行走中自然而高效地完成整理工作。

如果为了迎合收纳方式去勉强改变日常行动，而让自己感到不舒服，那么就先回顾一下自己的生活习惯。

结合日常动线进行收纳

洗衣、吃饭、收拾的流程

开始做晚餐

❹ **购物分类**

整理好买来的食材，放进冰箱或储藏室，再把当天要用的拿出来。

冰箱和储藏室

❺ **准备晚餐**

直接开始准备晚餐。

厨房

收拾洗好的衣物

❻ **收衣服**

把出门前晾起来的衣物收起来。

阳台

❼ **整理衣物**

把晾干的衣物分类收进衣柜或卧室、洗漱间、更衣间等固定的地点。

卧室等各处收纳空间

晚餐和收拾

❽ **晚餐的收尾**

算好家人到家的时间，完成菜肴最后的准备。

厨房

❾ **饭后收拾**

晚餐或聚会结束后，收拾好餐具。

厨房的餐具柜

收纳的极致是『触手可及』

有需要时能立刻拿出所需物品

餐厅

餐厅附近最好有拖把、吸尘器、抹布等清洁工具，以便快速进行清洁。尤其是有小孩的家庭。

如果食物不慎撒到了地上，或是有其他污渍，希望能够马上打扫。

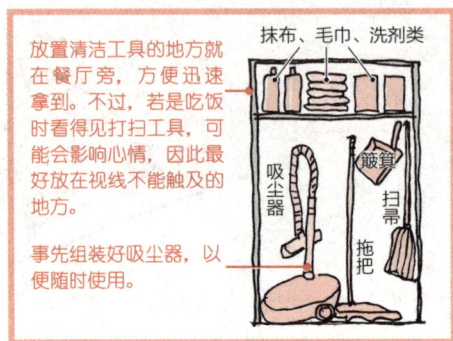

抹布、毛巾、洗剂类

放置清洁工具的地方就在餐厅旁，方便迅速拿到。不过，若是吃饭时看得见打扫工具，可能会影响心情，因此最好放在视线不能触及的地方。

吸尘器

簸箕

扫帚

拖把

事先组装好吸尘器，以便随时使用。

吃饭途中撒到地上的饮料或食物。

浴室布置

更衣间里最好备有内衣、毛巾、睡衣等洗澡后换洗的衣物。洗发水和肥皂等存货也可以放在这里。

为了防止湿气蓄积，可以安装一个换气扇或者小窗户。

洗发水、肥皂存货

睡衣和换洗衣物

毛巾

内衣

睡衣

毛巾

内衣

由于肥皂和衣物都怕受潮，所以除内衣外，其余物品都建议开放式收纳。

我们日常使用的东西应该放在我们方便取用的地方。这听起来似乎理所当然，但实际上很多时候却做不到。

就拿洗澡来说，如果把睡衣放在卧室，把内衣放在衣帽间，要用时跑东跑西，完全是浪费时间。如果放衣物的地方如此零散，洗完衣服后就要来回跑好几趟才能收拾完。很多人虽然会觉得不方便，但由于重建收纳系统太麻烦，所以大都得过且过。又或许是已经习以为常，意识不到这些不便之处。因此不妨重新审视家中物品用具放在哪里最方便，开始逐步做出改变。

家中各处，哪些是必需品呢？

卧室

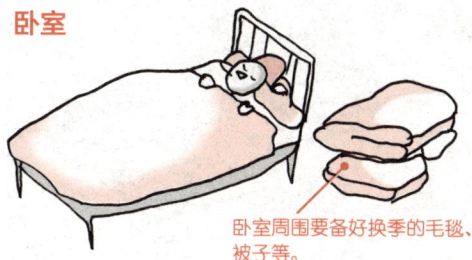

卧室周围要备好换季的毛毯、被子等。

卫生间

不仅要有卫生纸，还要有打扫用的马桶刷、洗涤剂等。

洗漱间

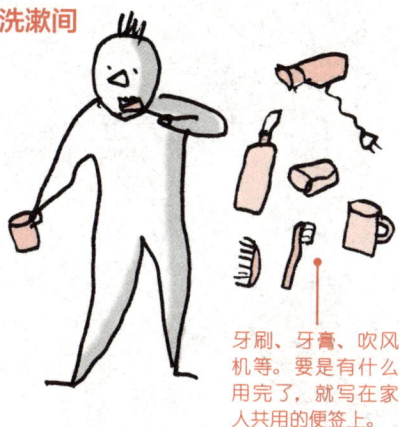

牙刷、牙膏、吹风机等。要是有什么用完了，就写在家人共用的便签上。

共享书桌

为了方便写信、写贺卡，可以把信纸、信封、贺卡、邮票等一起放在书桌旁边。

共享电脑桌

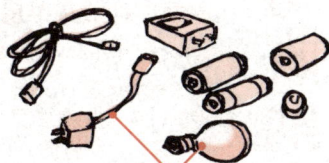

电源、电线、电池、灯泡等都要提前备齐，以便随时使用。电池和灯泡用完后别忘了补充。

为每天使用的物品设定位置

 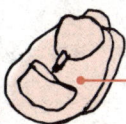

除了卧室，也可以放在客厅或玄关附近，便于外出携带。为了看起来不凌乱，最好放入收纳篮或用挂钩挂在墙上。

上班、上学用包

每天的报纸

放在客厅或餐厅等可以坐着阅读的地方。

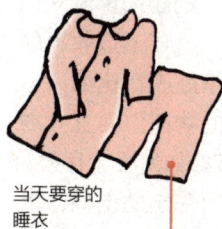

当天要穿的睡衣

从浴室出来马上就准备睡觉的话，最好放在更衣室而不是卧室。

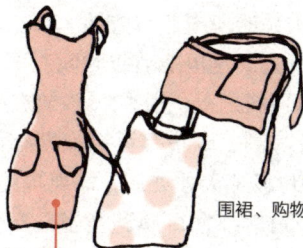

围裙、购物袋等

放在厨房或储藏室。也可以放在玄关衣帽间（参照 93、100 页）。

夏天的帽子、冬天的手套围巾等

由于需要与衣物进行搭配，建议放在衣柜或穿衣镜旁。

105

使用频率低的物品如何收纳

难以预测使用时间和内容的物品

逢年过节的礼品放在食品储藏室里

节日收到礼物是件好事，但存放却是个问题。以至于每逢过节，玄关都会堆满纸箱。水果类还需马上开封，把有磕碰的扔掉。

橘子等容易碰伤的水果，只需要打开箱子，盖一张报纸就能保存过冬。

旅行用品放在储物间或鞋柜里

如果一年只用得到一两次旅行箱，该把它放在哪儿，就是个令人头疼的问题。旅行颈枕、护照等物品也要放在容易想起来的地方。

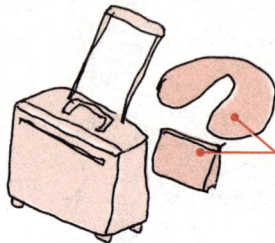

小件的旅行用品总是容易想不起放在哪儿了。所以要提前想好一个固定的存放地点。

重要文件放在书房或客厅

房产证、保险单等需要存放十余年的文件，可以放进文件夹或档案袋里，贴上标签注明内容，一目了然。

把文件放进档案袋时，由于档案袋外观都很相似，一定要在标签上写明内容。

家庭纪念品可摆在客厅展示或收进储物间珍藏

孩子的作品等承载着回忆的物品很难舍弃。将可数字化的物品数字化，并做好备份，以防存储介质损坏。

相册等可以通过对照片进行数字化处理来节省空间。

合理的收纳方式能让物品的使用非常方便。每次需要的物品都能立刻在伸手可及的地方找到，这也能节省时间。那么，逢年过节收到的一些时令物品，以及其他预料之外的礼物，该放在哪里好呢？比如一箱箱苹果等生鲜食品，以及啤酒、罐头等可以长期存放的物品。而拆开的快递纸箱，也不能等到扔垃圾那天才处理，需要提前考虑如何妥善存放。

不能总是把家里每个角落都塞得满满当当，要预留一定的空间，以备不时之需。

能够预测使用时间的季节性家电和工具

特定季节或节日才使用的物品放在储物间内

虽然使用频率不高，但这些家电、厨房用品和餐具在一年中总会用到。既然我们事先知道什么时候会用到它们，就要避免把它们放在翻箱倒柜才能拿出来的地方。

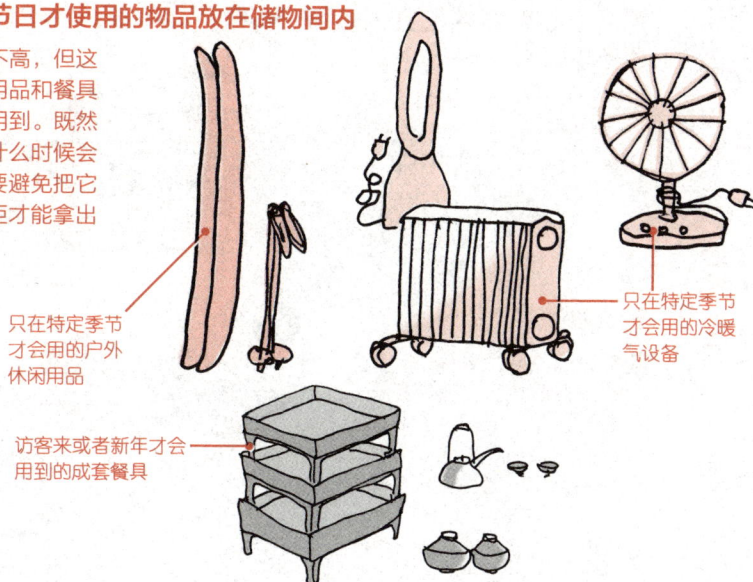

只在特定季节才会用的户外休闲用品

访客来或者新年才会用到的成套餐具

只在特定季节才会用的冷暖气设备

换季的衣服放在衣柜里

夏季和冬季的衣服、被褥，以及客用的床上用品等，通常都会放进收纳箱，被褥也有专门的收纳袋。不过尽量确保在要使用的季节到来前，能够很方便地拿出来。

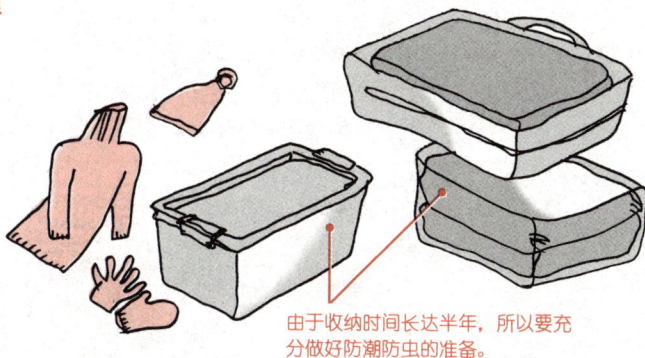

由于收纳时间长达半年，所以要充分做好防潮防虫的准备。

储备物和待回收物品的收纳方法

长期储备的物品或刚买回来备用的物品应该放在哪里，可以参照46～51页。一定要有效利用储藏室或杂物间。在存放这些物品时，最好与防灾应急用品分开存放。另外，丢弃频率较低的可回收垃圾等，可以考虑放在杂物间或鞋柜等地方。

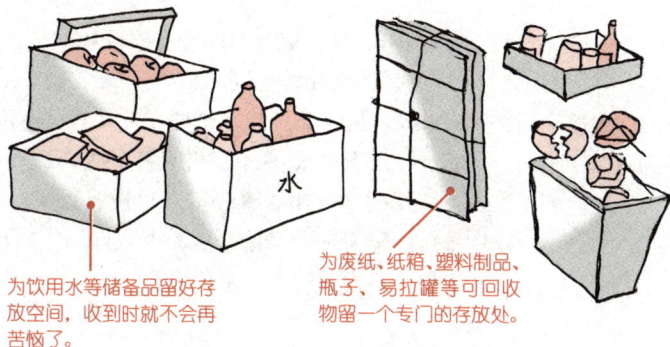

水

为饮用水等储备品留好存放空间，收到时就不会再苦恼了。

为废纸、纸箱、塑料制品、瓶子、易拉罐等可回收物留一个专门的存放处。

建议准备齐全的收纳容器

如果收纳容器的尺寸和系列各不相同……

整理起来很困难，还只会占用架子的空间，不如索性都处理掉。

✕

杂乱无章的收纳盒只会让收纳变得更困难，有限的收纳空间也无法得到有效的利用。

备齐收纳容器的好处

如果收纳盒的尺寸相同，就可以整齐地叠放在一起，柜子也会更整洁。如果一整套收纳盒都是同一系列，用久了只需要更换坏掉的盖子就好了。

○

收纳盒的尺寸相同的话，不仅能整齐地叠起来节省空间，而且还能使收纳盒内部更加整洁有序，让人心情愉悦。

如果是成套的同系列产品，即使盖子损坏或无法使用，也可以购买替换装。

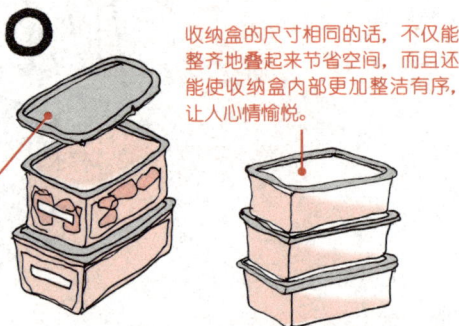

还要确保能看到收纳盒内部的物品

把容易变得杂乱的物品归类放入收纳盒，整理起来就会更简单。收纳盒最好是透明或者半透明的，里面的内容一目了然，更加方便。

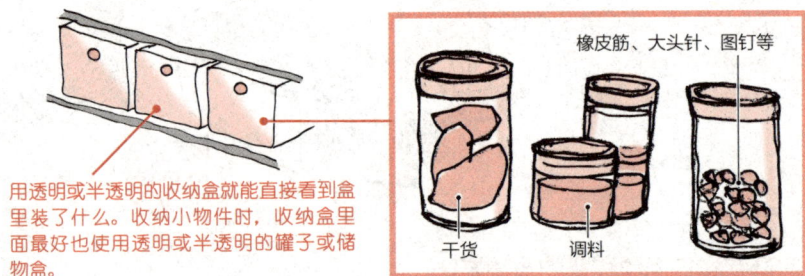

用透明或半透明的收纳盒就能直接看到盒里装了什么。收纳小物件时，收纳盒里面最好也使用透明或半透明的罐子或储物盒。

橡皮筋、大头针、图钉等

干货　　调料

形状相同的东西更容易堆叠、整理和收纳。因此，分装食材的容器最好选择同一品牌的同一系列。推荐选择那些多年来一直深受顾客喜爱且从未改款的经典产品，这样在补买时也不用担心停产的问题。

不过，没有必要一次性把所有东西都配齐。如果只是不经考虑就随意凑齐，万一不好用，凑一整套也没有意义。所以要仔细思考家里真正需要什么，先买一个来用一用，确认好用之后再作为常用品配齐。同时，也要注意不要购买过多，避免浪费。

选择常用收纳盒的 9 个要点

1 是否能放
热食

2 尺寸是否便于
排列摆放

3 是否能用于微波炉
或烤箱

4 是否容易残留味道
或掉色

5 对汤汁的密封性
如何

6 盒盖是否能
替换

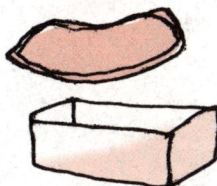

7 盒盖能否用于微波炉加热，
是否需要保鲜膜

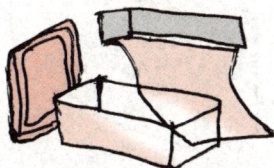

8 是否能看到盒内的
东西

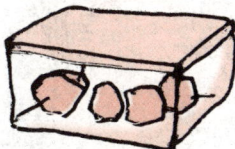

9 外观设计是否能直接
端上桌

常用食品用收纳容器品牌推荐

玻璃制品：WECK、iwaki、Cellarmate 等
珐琅制品：野田珐琅、无印良品等
塑料制品：特百惠（Tupperware）、Daloplast、无印良品、Ziploc 等

※ 每个品牌都有各种不同的系列、容量、性能等，可以一边参照上述 9 个点，一边找到符合自己喜好
和目的的用品。亲自挑选这些生活用具，也是成为生活达人的第一步。

让收纳更快乐的小窍门

提前整理好使用时会更方便的物品

与食品相关的，按种类和用途归类整理

将与用餐相关的琐碎物品与每天使用的物品统一存放。例如，早餐托盘套装、面粉、香料、调味品等。

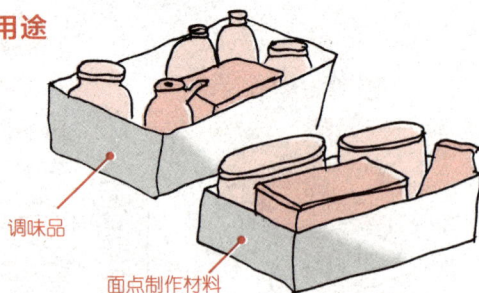

调味品

面点制作材料

塑料袋按大中小归类整理

除了垃圾袋之外的塑料袋，按照大小和尺寸分类后折叠好存放起来。虽然因为环保袋的推广，塑料袋逐渐减少，但不可否认的是，它们的用途仍然很多。

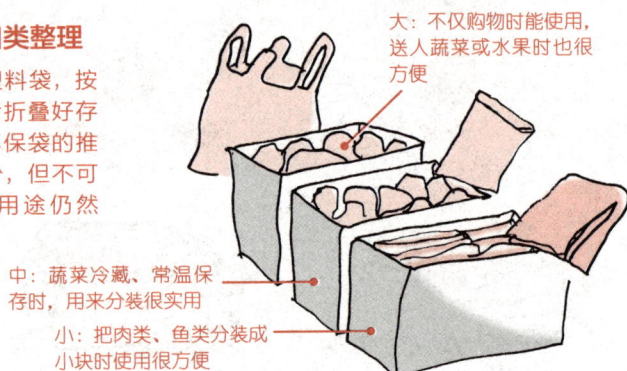

大：不仅购物时能使用，送人蔬菜或水果时也很方便

中：蔬菜冷藏、常温保存时，用来分装很实用

小：把肉类、鱼类分装成小块时使用很方便

用文件盒收纳垃圾袋

把垃圾袋按照可燃或不可燃、容量等用文件盒分类收纳，拿取很方便。

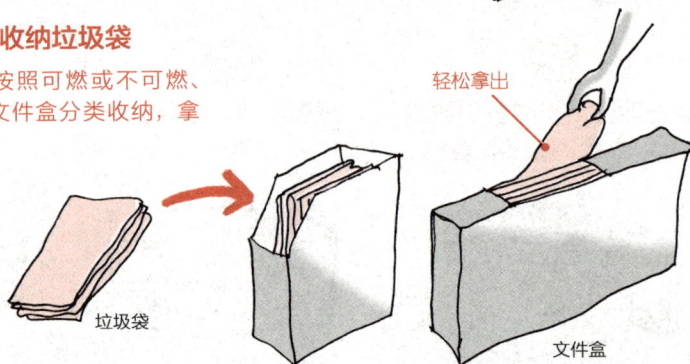

轻松拿出

垃圾袋

文件盒

为了方便日常拿取和存放物品，我们需要制定一些收纳规则。只要坚持执行这些规则，就能让家中保持整齐有序的状态。虽然一开始可能会觉得麻烦，但久而久之就会养成习惯，成为一种自然而然的动作。

那么，那些不会每天都用到的东西，又该如何处理呢？为了避免需要时才手忙脚乱地到处找，或者临时发现已经损坏而无法使用，我们需要多花一点心思。收纳不仅仅是收起来放好，为下次使用提前做好准备也是其中的一部分。这样一来，下次用到时，就会少很多麻烦。越是忙碌，就越需要提前做好准备，未雨绸缪。

让下次使用更方便的小窍门

纸袋、包装纸的分类存放

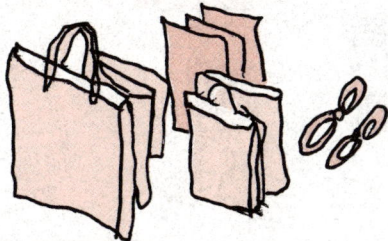

给他人送礼时会用到的纸袋、包装纸、绳子等包装材料可以按尺寸整理好。我一般会放在靠近客厅的过道衣橱里。

打包材料的处理

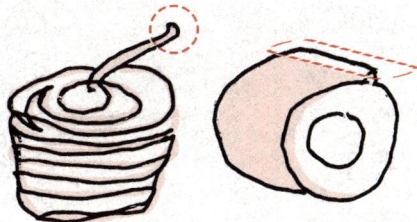

胶带用完后可以把边缘折一下，方便下次使用。打包用的细绳子也可以把末端折起，或用其他方式让线头更好找，下次使用时会更方便。建议也放在靠近客厅的过道衣橱里。

电线类要捆起来放好

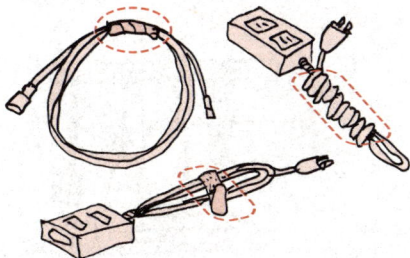

电线类物品很容易缠绕打结，一旦缠到一起会非常麻烦。建议用魔术贴或专门的捆绑工具整理好，避免混乱。

清洗完平底锅后涂一层油

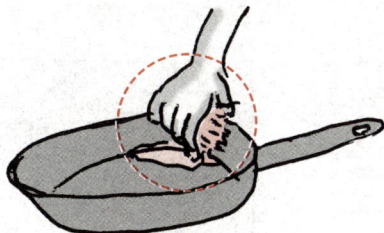

使用完铁制平底锅后，要用钢丝球等工具清除污垢，清洗干净后在锅面涂一层油以保护锅具。

去除园艺工具上的泥土

每次使用完都要清除园艺工具上的泥土，这样才能防止生锈，让工具更加耐用。园艺工具可以放在离庭院近的杂物间等地方。

户外用品用完后要马上整理

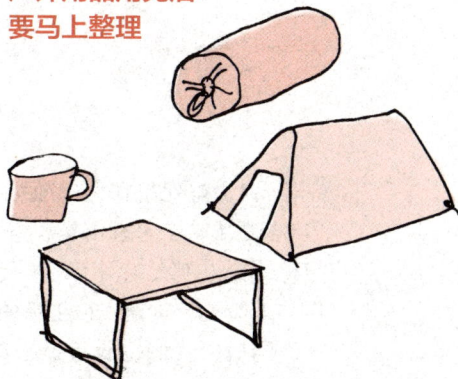

露营用品等户外装备，回家后要第一时间清洗干净，并整理好以便下次能立即使用。建议将它们存放在车库或鞋柜等靠近车辆的地方，以便携带。

让下次使用更加方便的收纳方法

家用电器的收纳技巧

电风扇、电烤炉这类季节性家电，放在带轮子的木架上，即便放在最深的角落里，也很方便随时拿出来。

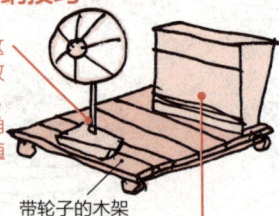

带轮子的木架

如果要放进壁橱里，罩一层塑料薄膜也是个不错的选择，便于防尘。

如果是无线电器，为了方便充电，最好在插座附近设置一个专门收纳电池的位置。

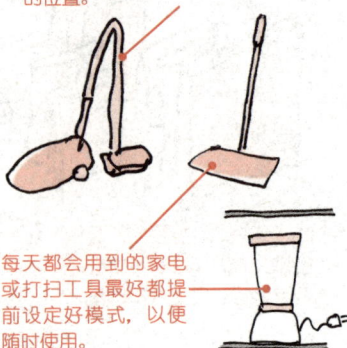

每天都会用到的家电或打扫工具最好都提前设定好模式，以便随时使用。

看不见内容的收纳

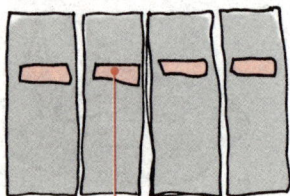

在看不见内容的箱子、盒子外侧贴好标签，以便能清楚地知道里面都有什么。

烹饪工具要直接展示

把烹饪工具都悬挂起来收纳，一目了然。被自己喜欢的东西包围着，也会更加开心。

衣物的换季整理

换季衣物一定要送去干洗，收纳时放入防虫剂，并套上防尘罩。

工具最好保持在可以随手拿出、轻松使用的状态。如果每次使用都需要从箱子里翻出来、组装、再插上电源……经过这么多步骤，光是想想就让人不太想用了。工具可不是光放在那里就行了。我们应当以"使用"为前提，重新审视工具的收纳方式。

同时，我们也要考虑工具的重量和取用的便利性。比如字典或者图鉴等大部头工具书，光是从高处拿下来就很费劲。好不容易准备齐全的工具，如果因为不方便拿取而无法得到充分利用，那岂不是太可惜了？所以，我们不要仅仅满足于拥有它们，而要通过巧妙的收纳方法，让它们真正融入我们的生活。

排列、叠放、空间安排等收纳窍门

重的在下，轻的在上

不要把重的物品放在高处，不仅是出于安全考虑，也为了让架子的使用寿命更长。把轻的物品放在高处是基本原则。

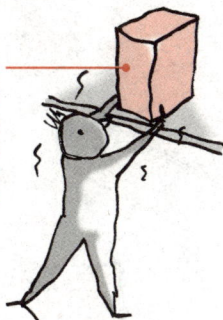

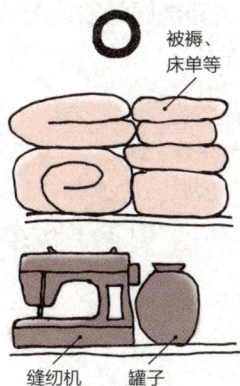

O

被褥、床单等

X

缝纫机　罐子

上

下

高的在后，矮的在前

摆放高矮不同的物品时，为了能看得见后面有什么，应该把矮的物品放在前面。

前　　后

尝试改变收纳位置

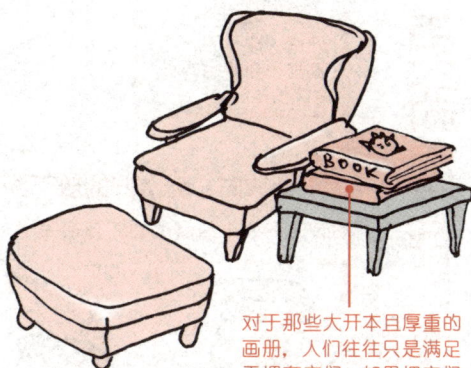

BOOK

对于那些大开本且厚重的画册，人们往往只是满足于拥有它们。如果把它们从书架上取下来，堆放在沙发旁边，人就会很自然地伸手去拿来看。

成箱食材的处理方法

装有食物的纸箱或木箱，要让保质期标签朝外，便于查看。水果要放在通风良好的地方。

保质期标签

同种类的食物，要把时间更早的放在前面或上面。

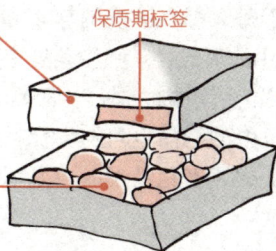

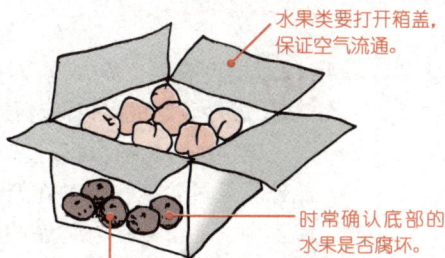

水果类要打开箱盖，保证空气流通。

时常确认底部的水果是否腐坏。

装在纸箱里的橘子，可以在底部铺上报纸或纸巾，并将蒂部朝下摆放，这样可以保存得更久。每层上面也盖上报纸。不要堆叠太多，否则容易被压坏，建议最多叠放两层。

毛巾、衣物的更换

从前面开始用，新洗好的放后面

毛巾、抹布等收纳好后，从前面的开始抽取使用，洗完后放在最后面。通过这种方式来轮换使用，使用频率会更加均衡，也不容易积灰。洗完后整齐折叠，收纳效果会更好。

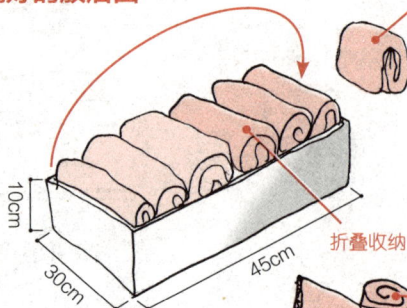

10cm
30cm
45cm
折叠收纳

与卷起来收纳相比，折叠收纳无论是折叠方法还是收纳过程都更简单。需要注意的是，如果叠得不够整齐平整，不仅会占用更多空间，看起来也会显得杂乱。

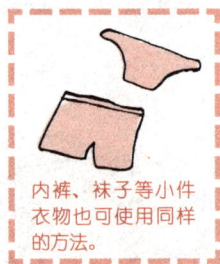

内裤、袜子等小件衣物也可使用同样的方法。

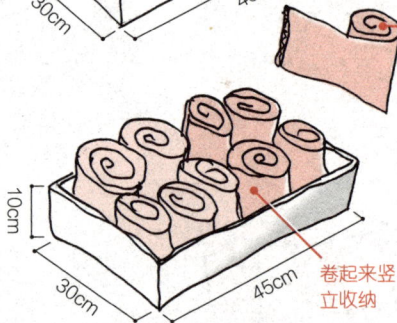

10cm
30cm
45cm
卷起来竖立收纳

将毛巾折叠得更紧凑，每张毛巾的体积会变小，从而可以收纳更多的毛巾。不过，这样折叠后的毛巾在竖立放置时稳定性会稍差，所以收纳用的抽屉（或者篮子、盒子）的深度不宜过深。

上下叠放时，新洗好的放下面

叠放的时候，从最上面的开始使用，把新洗好的放在下面，这样底部就不容易受潮。

毛巾

堆叠的时候一定要垂直放置，否则不仅衣服会皱，还容易倒塌。

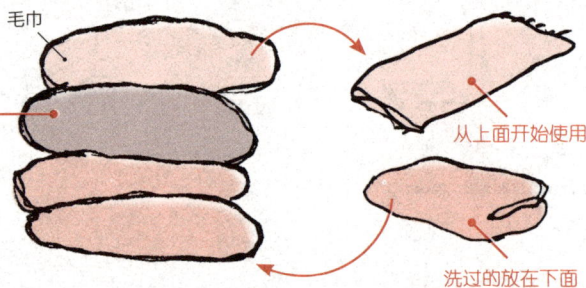

从上面开始使用

洗过的放在下面

收纳也需要"焕新"。对于每天都要清洗的抹布和毛巾，按照清洗的顺序收纳成可以循环使用的形式，从卫生角度来说是更理想的。

定期进行轮换，可以让使用频率更加均衡，从而延长织物的使用寿命。此外，通过轮换，收纳在架子中的物品也自然会保持洁净。在可视化的流程中，还可以检查物品的磨损或老化情况，以及添置新物品等，这也是其中一个好处。

库存管理的规则

瓶瓶罐罐最多排成两排

厨房里的调味品、洗漱间的洗发水、护发素、化妆水等瓶瓶罐罐，排成两排最方便管理。

要是摆了两排以上，想拿里面的东西时就很容易把摆在外面的碰倒。

第 2 列

第 1 列

15cm

比较深的架子可以灵活利用收纳盒

进深较深的架子往往难以看到最里面的物品。如果将物品分类放进收纳盒中，就可以更方便地取出来。

无须专门购买或安装新的抽屉，使用收纳盒进行分类管理即可，打扫灰尘等清洁工作也会更方便。

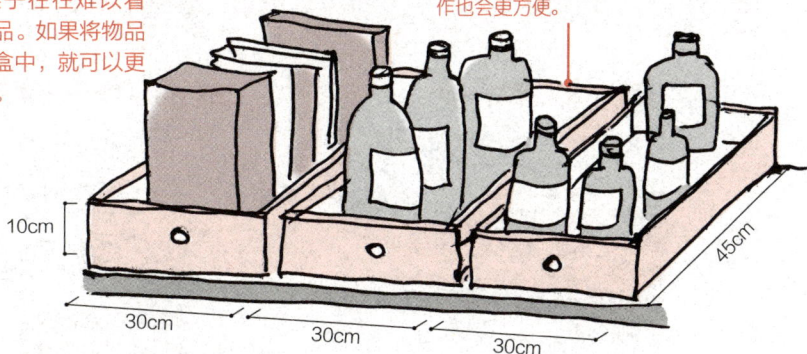

10cm

30cm　　30cm　　30cm

45cm

日用品的库存管理技巧

食材、洗涤剂、卫生纸等日常用品常见的问题要么是关键的时候没有存货了，要么是一次性买得太多。可以通过利用一些库存管理 APP 或制定库存管理规则，并共享给家人来解决这些问题。

按照①→②→③的顺序使用

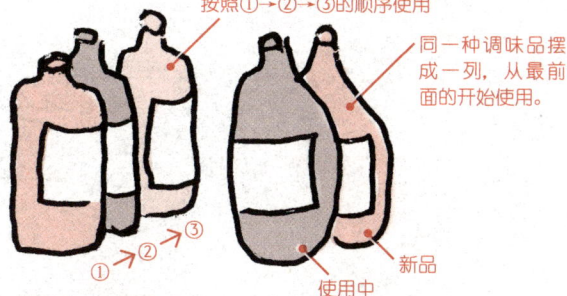

同一种调味品摆成一列，从最前面的开始使用。

①⇒②⇒③

新品

使用中

在冰箱或洗漱间收纳柜的门内侧贴上便签，写上需要添置的物品。

番茄罐头 T
水煮豆子罐头 一
干香菇 一
粉丝 一
小麦粉 一
淀粉 一
……

5月

现在也有一些手机应用程序可以管理库存，防止食品过期。

每天节省一点时间

灶台要趁热擦

炉灶一定要趁还有余热的时候擦拭干净。比如喷溅的汤汁和锅底的焦痕，利用余热擦拭会更容易去除（注意不要被烫伤）。先用湿抹布擦拭，再用干抹布擦拭（关于擦拭工具，可参照45页）。

地板一旦沾上污渍就很难清理，所以要养成每次油炸或炒完菜后立刻擦拭的习惯。

马桶要每天擦拭一次

养成轻轻擦拭马桶座圈内侧的习惯。如果每天都擦拭，就不会积攒污渍。

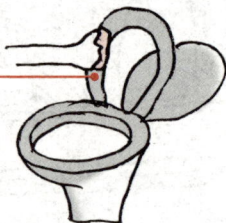

洗碗可以睁一只眼闭一只眼

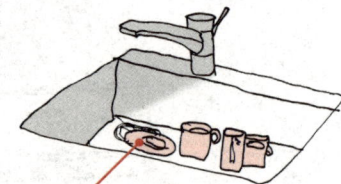

对于洗碗，可以稍微放宽一些标准。等到要洗的碗碟积累到一定量后再一起清洗，会更高效。

用完浴室也要打扫

为了方便第二天使用，浴室最好在洗完澡后马上打扫，因为此时污垢更容易被清除。

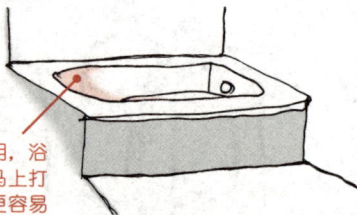

为了方便第二天使用，可以把每天擦拭三列瓷砖作为日常任务。

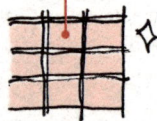

家务活中，打扫往往是最不受欢迎的事。它与收纳密切相关，如果实践了本章介绍的"一目了然""固定收纳位置""按用途分类收纳"等收纳技巧，你可能会发现，在不知不觉中，打扫这件事也变得轻松了。

收纳和打扫是相辅相成的，进一步来说，要根据场所的特点进行相应的打扫。如果置之不理，久而久之污垢会变得难以处理，反而会耗费更多的时间和精力。如果每天坚持打扫一点点，从长远来看，可以节省不少时间，而且在年底天冷的时候，也不会为大扫除头疼了。

试着按星期几安排不同的打扫区域

可以将需要打扫的地方列成清单，然后分配到一周内完成。一次性打扫完很困难，但如果每天做一点并养成习惯，就无须依赖定期的大扫除或上门清洁服务了。是一年几次费力地大扫除，还是每天坚持做一点，你会选择哪一种呢？

星期一 ▶ 卫生间

用清洁剂认认真真擦拭马桶的内侧和地面等死角。使用过马桶后也要保持清爽干燥。

星期二 ▶ 玄关

打扫玄关周围和鞋柜。如果有余力，还可以擦一下鞋面，哪怕只擦一双鞋。

星期三 ▶ 洗漱间

清理水槽下方和地面的灰尘和头发。有时候，旧的管道盖之类的东西还会意外掉落。

星期四 ▶ 厨房

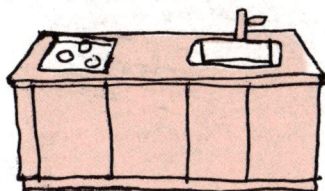

因为范围较大，可以每周清洁不同的区域：这周清理抽屉，下周清理水槽下方，再下周清理橱柜内部。

星期五 ▶ 窗户

这周擦客厅的窗户，下周擦浴室和洗手间，再下周擦二楼的，像这样分区域逐步完成。

星期六 ▶ 地板

用吸尘器或拖把把地板打扫干净，厨房周围要重点清洁。每年至少进行一次打蜡等保养工作。

星期日 ▶ 暂停打扫，休息！

不过，如果在这一周内有哪一天实在无法完成清洁任务，可以在周日集中完成。不要把周日白白浪费掉，而要积极地让它为新的一周注入活力。

天然材料的保养方法

触感舒适的实木地板

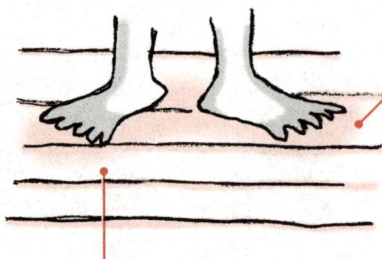

实木地板＝木材本身

薄板（单板）或木纹印刷等。

基材

胶合板：由多层薄木板或木纹印刷板交错黏合成的复合地板材料

实木地板比胶合板或复合地板更容易保养。定期用清水蜡擦拭即可。随着时间的推移，划痕也会增添独特的韵味。

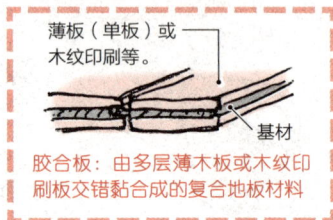

用大米或茶叶渣也能享受保养的乐趣

米糠

淘米水

用淘米水浸湿抹布，拧干后擦拭地板。与化学清洁剂不同，它没有异味，擦拭后的地板清爽干净。

将用平底锅干炒过的米糠装入布袋，制成自制的米糠袋来擦拭地板。与蜡不同，米糠中的油分能让地板呈现出更有韵味的光泽。米糠袋每1到2个月更换一次。

茶叶渣

将干燥后的茶叶渣均匀地撒在地板上，然后用扫帚扫去。这种方法也适用于榻榻米。茶叶渣不仅能吸附灰尘，还能留下清新的香气，令人愉悦。

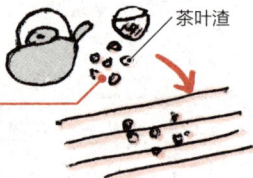

注意！

对表面涂有渗透性油的实木材料进行保养，严禁使用油性蜡！因为油性蜡会使表面变硬，从而阻碍木材调节湿度的效果。如果要使用，应该选择水性蜡。

用水稀释后的水性蜡，比起油性蜡，几乎没有气味，还具有保湿效果，同时也能防止污垢附着。

当时间有限时，我们会倾向于选择易于打扫且不易沾染污渍的材料，但往往忽略了它们可能会随着时间推移而老化、破损的情况。因此不能只图一时方便，而忽视了长期使用中的便利性，需要根据实际情况综合考量，选择合适的材料。天然材料可能因为需要打理和保养而让人望而却步，但经过长时间的使用后，它们会更有光泽和韵味；天然材料通常比工业合成材料更昂贵，但如果经过妥善保养并长期使用，从总体上来看，其实也是比较经济实惠的。对不同的天然材料，还可以采用不同的纯天然清洁方式，其中也有很多乐趣。

天然成分清洁剂的特征和使用方法

天然清洁剂的实力如何？

天然成分清洁剂都需要用水稀释后装入喷雾瓶，使用起来才会更方便。与化学清洁剂相比，这可能会稍微麻烦一些。如果你过于注重细节，甚至感到有压力，那么使用化学清洁剂也是可以的。

	小苏打	倍半碳酸钠	柠檬酸
PH	弱碱性	弱碱性	酸性
效果	焦痕的去除、去味、去除滑腻污垢、去除茶渍	分解和去除油污和蛋白质	去除水垢、肥皂渣，除臭
特点	擦拭清洁为主	对黏腻的污渍很有效	让空间干净、清爽无异味
避免在这些地方使用	木地板、液晶屏幕、铝制品、榻榻米、马桶	厕所（对由氨引起的污渍效果较弱）	大理石（人造大理石会失去光泽，所以不能用）

天然清洁剂的各种使用方法

锅

清理锅里的焦痕，可以在锅中放入2到3大勺小苏打和水，然后加热，之后用钢丝球或清洁刷擦拭。

垫子

将小苏打撒在地垫上，放置一段时间后用吸尘器吸除，也能起到除臭的效果。

鞋

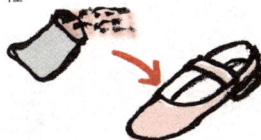

将小苏打装入小袋子后放入鞋内，可以起到除臭效果，同时也能避免因潮湿产生的异味。

瓷砖接缝

将小苏打与水混合成糊状，用海绵或刷子擦拭。对于有茶垢的杯子，也可以采用同样的方法。

塑料容器

对于塑料表面黏糊糊的油渍，可以使用小苏打进行清洁。具体方法是将小苏打溶解在水中，然后将塑料物品浸泡在溶液中，静置一段时间后，油渍会逐渐分解。

宠物

利用柠檬酸的除臭效果，清洁有异味的宠物厕所和其他宠物用品。

番外篇·食物也是一种天然清洁剂

柑橘类水果的果皮中含有的柠檬酸，能够清洁水槽边缘令人讨厌的污渍和水垢。

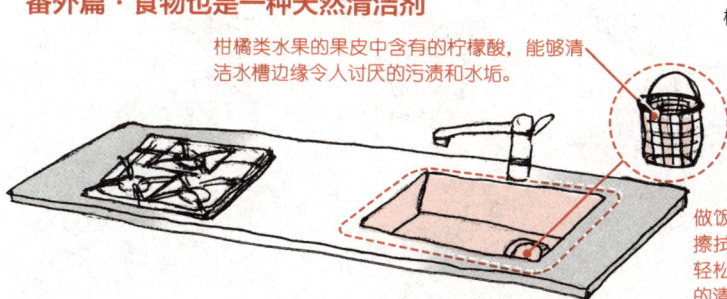

橘子皮

柠檬

做饭时用剩下的柠檬或橘子皮擦拭水槽或沥水篮，不仅能够轻松去除污渍，还能留下淡淡的清香。

观察那些能够保持家中整洁的人，你会发现，他们在生活中养成的各种习惯会让整理和收纳变得轻而易举。

每人一本家庭相册

在进行住宅设计时，相册的放置位置总是一个让人头疼的问题。即使在如今这个网络图片时代，祖父母一代仍然会热情地寄来大量儿孙辈的照片。毕竟人像照片总是很难舍弃。因此，趁着自己当家还能做出判断时，要尽快将这些照片整理到相册里，这将大大节省空间。对于已经处于人生终章阶段的人来说，从长远考虑，更要尽早开始这项工作。

消耗品以外的礼物尽量不收，大胆拒绝

这并非关乎礼貌，而是要避免家中堆积不必要的物品。无须大张旗鼓地进行"断舍离"，只要自己能够控制所拥有的物品数量即可。如果是消耗品，可以选择分享给他人，或者送到食品银行。一旦坚定地拒绝一次，对方就会意识到你有这样的原则。

每人 1 本相册。其余照片存入 U 盘、DVD、SD 储存卡等。

对不需要的东西坚决说"不"。

如果你与对方保持着真诚的关系，他们不但不会觉得你冷漠，反而可能会理解并尊重你的选择。

懂得如何循环利用衣物

每当购买了一件新衣服，就要习惯性地处理掉一件旧衣服。比如，衣服状态良好就可以送给他人、在二手平台出售，或者捐赠给福利机构。甚至可以花费一些邮费捐到海外。对于那些质量不佳、无法继续穿着的衣物，则作为可回收垃圾处理。懂时尚的人都很清楚自己适合什么风格，也对自己的尺码了如指掌。他们深知，拥有超出自己能力范围的物品反而难以妥善管理。他们总是穿着那些不受潮流左右、品质好的衣服，并精心打理它们，无论何时何地，都能展现出独特的风格，总会让人不禁好奇"这是在哪里买的"。

善于利用外包服务

通风、清洁窗户等事情，总是让人烦恼，常常因为时间不够（其实时间是可以挤出来的，只是我们总是拖延）而无法完成。这种时候不如请专业人士来帮忙。很多人善于通过最大限度地利用外部资源来实现高效的生活方式。如果能够合理地利

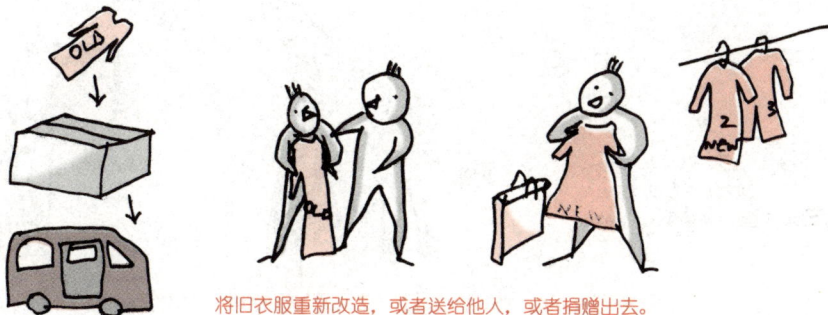

将旧衣服重新改造，或者送给他人，或者捐赠出去。

用外包服务，那么那些"迟早要做的事情"所带来的压力，以及因拖延而积累的焦虑，都会随之消失。与其因追求精致生活而感到疲惫不堪，甚至一事无成，不如更加理性地考虑成本与效益。不仅仅是清洁工作，即使是过去那些看似单调乏味的商品，如今也有了各种各样的外卖和配送服务，可以不受时间限制地购买。如果平时时间很少，难以享受生活，那么巧妙地利用外包服务无疑是消费者的一种明智选择。

巧妙布置鲜花和绿植

有时去别人家做客时，打开门的瞬间，会有一阵花香扑面而来。即使不是什么特别的日子，家中也会摆放应季的鲜花或绿植。他们并不会特意去花店购买，而是巧妙地利用庭院中应季的花草、枝叶，甚至是窗边或阳台上种植的香草等来进行装饰。这种不经意的布置，会让人感受到一种高品质生活的优雅与从容。

如果觉得打扫卫生、做饭等家务太辛苦，不妨干脆请专业人士来帮忙。

第五章
- - - - - - - -
用创造出的时间
过高品质的生活

节省下来的时间用来做什么

辛辛苦苦省下来的时间，怎么用?

节省时间的尽头是什么?

节省时间的尽头，是能够做自己想做的事情的自由。

洗衣服

孩子 工作

打扫

收拾

厨房工作

通过在厨房工作、洗衣、打扫等事情上花些小巧思，能够一点一点节省下不少时间。

有那么多可以做、值得做的事情

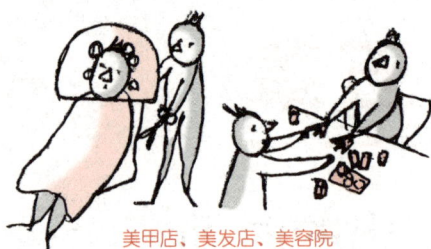

美甲店、美发店、美容院

兴趣爱好

旅行

一家人外出

学习

瑜伽

每天兢兢业业地节省时间，是因为我们既有想做的事情，也有很多不得不做的事情。不妨重新审视一下这些目标。有时候，我们会遇到一些紧急情况，不得不把全部精力都放在照顾孩子或看护老人等事情上，分身乏术。但是，只要度过了这段忙碌的时期，就可以尽情去做自己喜欢的事情了。不妨多多憧憬这样的日子。当你真正拥有了幸福的时光，拥有了从容的时间，就可以再尝试做一些对社会有益的事情。将更高层次的意识融入生活，用节省下来的时间，让自己的内心和他人的内心都

接下来要培养更高层次的心态

保持身心舒畅。

不仅要为社会做贡献，自己每天的健康也很重要。

在日常生活中培养小小的审美意识。

有时间与真正美好的事物相处。

尽量避免产生垃圾。

与植物共同生活，对自身和环境都有益

通过向森林保护事业捐款等方式，为社会做出贡献并收获喜悦。

减少使用空调和汽车，尽量过一种不依赖设备的生活。

思考关于食物浪费的问题。

有意识地挑战把蔬菜用完不浪费。

尝试实现零浪费。

变得更加丰富。

　　首先，考虑如何让生活变得轻松一些。"衣食住"是生活的基础。关于衣和食，前面的章节已经有所提及，最后我们来审视一下作为生活容器的住宅本身。当然，包括卫生间和浴室这些私密空间，也要多加注意。只有当你自己感到从容满足时，才能对他人心生温柔，进而对社会充满善意。在日常生活中，不妨尝试在不勉强自己的情况下，创造一段富足的时光。

真正充实的衣食『住』是什么

一味追求效率的后果是什么

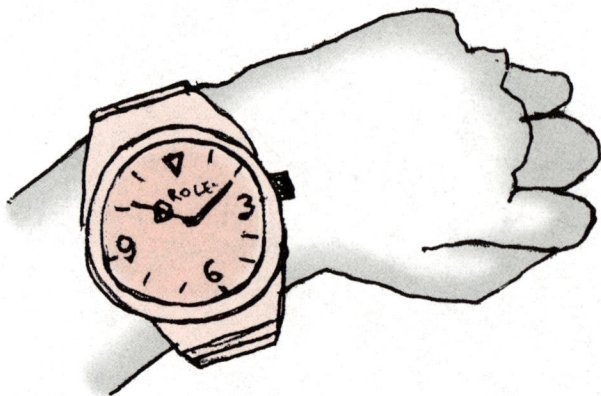

无论做什么事情都会担心时间。
被时间和效率束缚的生活，尽头又是什么呢？

垃圾增加   **到处都乱糟糟**   **迷失生活本质**

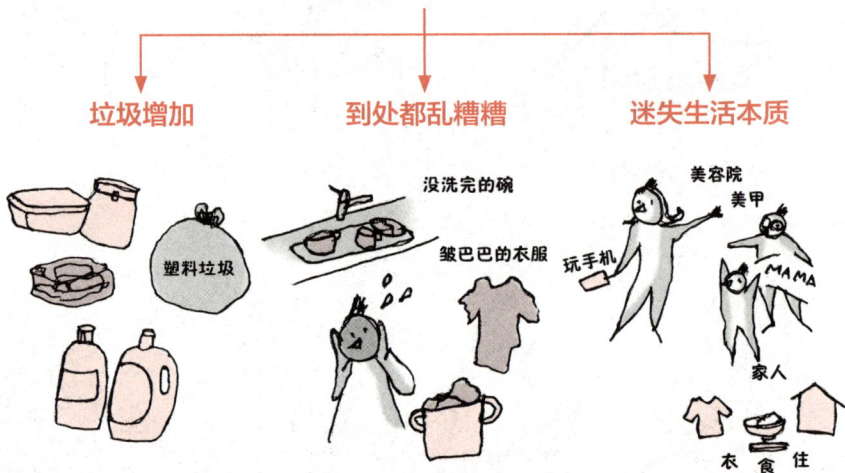

没洗完的碗

皱巴巴的衣服

玩手机

美容院

美甲

MAMA

家人

衣食住

塑料垃圾

如果总依赖省事的化学洗涤剂和便利店的熟食，塑料垃圾就会增加。

所有的事情都半途而废，最终自己也会变得讨厌这种状态，陷入一种恶性循环。

家庭关系、衣食住行，越来越弄不清楚究竟什么才是真正重要的。

节省时间的最终目的，归根结底是为了实现更富足的衣食住。让我们重新审视一下"住"这一方面。

在房屋使用材料方面，天然材料确实需要更多的保养。以地板材料为例，虽然实木地板用化学清洁剂擦拭很容易出现老化变色的情况，但与新型建材不同的是，实木地板一旦出现划痕，可以通过调整湿度和温度（例如用热水）来修复，而且上过油的实木地板随着时间的推移，其韵味会越发浓厚。此外，实木地板还具有吸湿放湿的功能，能够默默地

即使多费些工夫，也要与真正美好的事物相处

用养成的态度对待实木地板

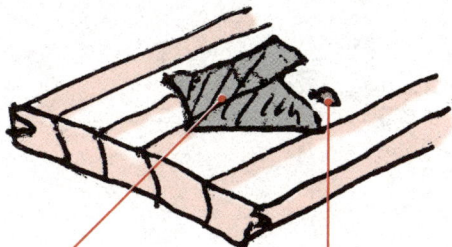

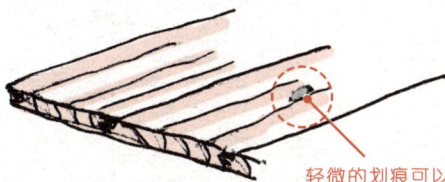

轻微的划痕可以通过吸水来恢复原状。

在长期使用过程中难以去除的污渍，可以通过打磨表面并涂油来处理。

污渍和污痕如果能及时擦拭，就不会形成顽固残留。

> ### 保养地板使用的工具
>
>
>
> 用热水浸湿的毛巾　　蒸汽熨斗

挑选身边的小物件和家具时要有审美意识

餐具和家具也要选择真正优质的产品。虽然价格较高，但它们更耐用，从长远来看，可以说是很划算的。

使用高品质的物品，自然会更加珍惜对待，也会养成得体的行为举止。

古董火钵

优质餐具

具有设计感的生活用品

Y形椅等著名家具

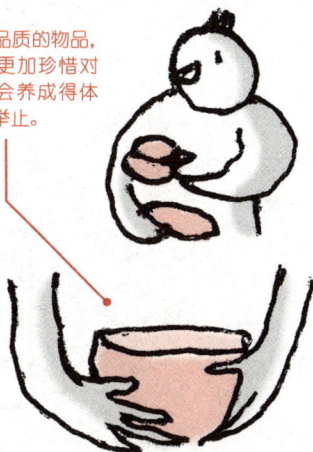

调节空间的湿度，像生物一样净化空气，承担起居住者的健康管理职责。像石灰、建筑用黏土等用于墙壁和天花板的材料也是如此。生活在一个被天然材料包围的环境中，不仅能够享受美观的空间，还能提升审美意识。

当用心对待住所时，我们对器物、家具以及周围物品的重视也会随之提高，会渴望与真正的高品质物品为伴。而当使用这些物品时，我们的举止也会变得更加优雅。如果一味地追求轻松省事，可能会失去很多。我们应该重新审视那种被时间追赶的紧张生活，努力追求一种更美好的生活方式。

给生活一点小装饰

在不经意的地方点亮生活

楼梯的腰墙和扶手的上方也可以成为装饰空间。除了在墙上挂画之外，还有很多方法可以根据季节来更新空间的装饰。

腰墙

楼梯的腰墙或扶手

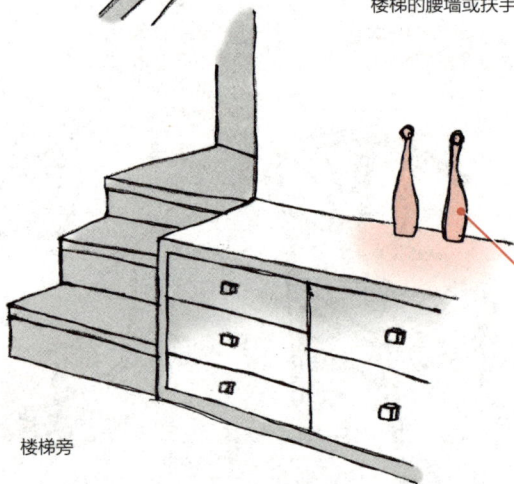

花器、花瓶等容器和摆件，放在人来人往的地方时，不宜摆得太多或过于张扬，不经意地摆放一二就恰到好处。也并不一定都要插花，单纯欣赏容器本身的美感也很不错。

楼梯旁

在家中不起眼的地方，融入一点季节氛围吧。例如卫生间、玄关或墙壁的下半部分等位置。春天可以摆放花草，夏天可以挂上让人感觉清凉的画或香草；秋天可以将桂花花瓣放在小碟子或和纸上。也不一定非要用花，也可以用枫叶或橡子等果实来装饰；冬天则可以挂上花环。

甚至不需要额外准备花瓶。有一个用于纪念日或花束的大花器和一个用于插单枝花的小花瓶就足够了。甚至用酒杯或玻璃杯也行。

可以立即采用的装饰创意

四季花环

可以用坚果或丝带装饰

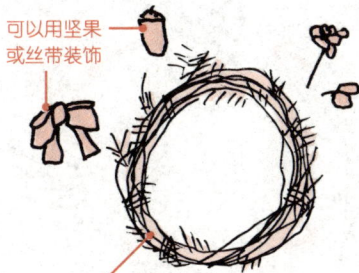

将晒干的迷迭香卷起来。即使它的装饰作用结束，香味依然会持续，最终它会自然地回归大地。

用手边的东西当花器

花器不一定非得特意去买，杯子或酒具也可以当作单枝花的花器来用。

在酒杯中漂浮花瓣也很有情调。

也可以把正在晒干的香草挂在树枝上。

用坚果和红叶来装饰

即使不了解插花的基本技巧，只要随意地摆放，也就会神奇地营造出一种很美的氛围。

自带清凉感的明信片

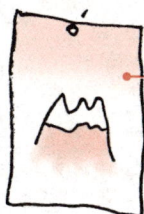

在盛夏时节，如果摆放太多花草，反而会让人感受到暑气的闷热。此时，装饰一些能让人感到清凉的明信片或卡片会更好。

千万不要做的事……

不要再把收到的礼物全部堆在一起。每一件单独看起来都很可爱，但堆积在一起就会显得杂乱无章。

　　重要的不是容器或装饰物本身，而是将季节的更替融入生活中的那份心情。装饰画这类装饰物只需要一件就够了。不，甚至可以说只能有一件。墙壁终究是生活的背景，保持简洁更好。在路过或偶尔驻足的地方，不经意地摆放一些简单的装饰，这种低调的用心才是让生活变生动的关键。

　　最忌讳的是装饰完就不再理会。即使再贵重的装饰品，如果积满灰尘、颜色褪去，也会让人感到沮丧，仿佛时间早已停滞在那一刻。根据季节的变换定期更新家中装饰，不仅能丰富装饰者的内心，也能让观赏者的内心得到滋养。

考虑好如何布置一个舒适的洗手间

左右一整天生物钟的洗手间

好好吃饭、好好睡觉，早上醒来后去厕所，这样的生活才是最健康的。正因如此，我们才要好好考虑如何打造一个舒适的洗手间。

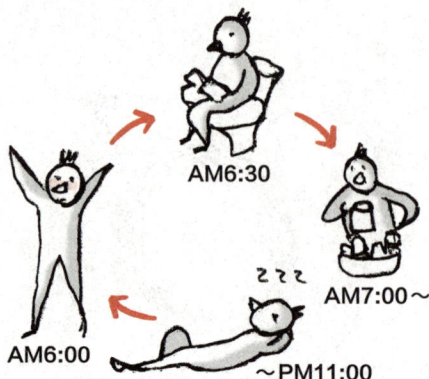

AM6:30

AM7:00～

ZZZ

AM6:00

～PM11:00

如何打造舒适的动线

打造舒适厕所的第一步是进行布局规划。不仅要让人在使用厕所时感到放松，还要确保在厕所闲置时也不会给人带来不愉快的印象。

从用餐区能看到厕所的布局是绝对不可取的。

餐厅

即使厕所的门关着，但如果厕所外总有人经过，也会让人感到不舒服。

过道

洗手间门和马桶的正确位置

在确定洗手间位置后，接下来要考虑的是门的开合方式。一般来说，没有人会喜欢看到马桶，所以在开门时最好能让马桶处于视线死角。如果想要节省空间，那么选择推拉门比平开门更好。

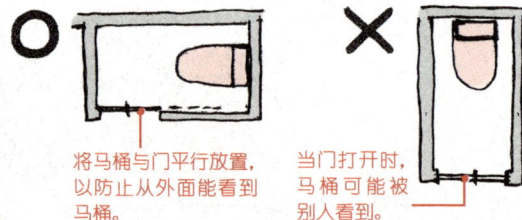

将马桶与门平行放置，以防止从外面能看到马桶。

当门打开时，马桶可能被别人看到。

想必有不少人对卫生间和浴室有着自己独到的见解。本来只要这两个地方保持干净、能够满足基本需求就足够了。然而，如果能将它们打造成充满乐趣的空间，那么日常生活也会变得更加丰富。

关于卫生间，就像外国人对日本的智能马桶盖感到惊讶一样，日本人在马桶座圈上倾注了极大的热情。要营造一个舒适的卫生间环境，首先要考虑布局。打开门就能看到马桶会令人扫兴。此外，最好避免在人们经过或停留的地方设置卫生间。可以将其规划在离家庭聚集场所稍远的地方，尽量让使用卫生间时不易被察觉。

让洗手间更加舒适的窍门

参观学习有品位的洗手间

如果要拜访一家有生活情趣的人家，不妨借用一下他们的洗手间。他们通常会在那里摆放自己最喜欢的东西，所以很值得参考。

喜欢的画或照片

成为空间视觉焦点的镜子

即使只有腰墙部分采用木板铺设，墙壁也会呈现出一种时尚的氛围。如果使用实木木材，再用同样属于天然材料的柿漆或擦拭漆进行涂装的话，就能兼具防水性和防臭效果，让人感到安心。

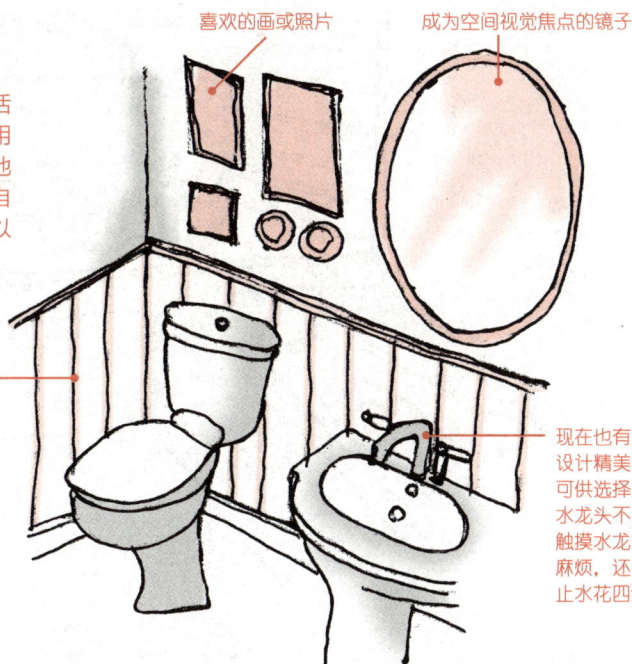

现在也有多种多样设计精美的水龙头可供选择。感应式水龙头不仅免去了触摸水龙头把手的麻烦，还能有效防止水花四溅。

既可摆放物品又能充当扶手的置物架

在厕所里摆放一束花草，就能让整个空间变得生动。另外，考虑到很多人在上厕所时喜欢看书，安装一个置物架会很方便。如果架子还能兼作扶手，就更能节省空间。

兼做扶手的书架

将两块木板拼接在一起，就可以用作书架，或是放置花器、备用卫生纸的置物架，甚至还可以充当扶手。

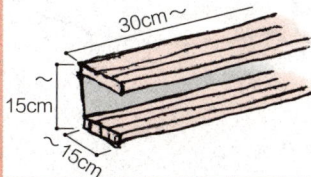

30cm～

15cm

～15cm

小花瓶、香薰精油瓶、扩香器等

花器

书　卫生卷纸

　　此外，我们还希望将卫生间打造成一个被喜爱的装饰品和香气环绕的舒适空间。如果可能的话，最好配备一个可以自然通风的窗户，但如果担心被窥视，可以安装一个带有除臭功能的排气扇（马桶座圈也有除臭功能）。另外，我们还需要在气味、温度等方面进行细致入微的考虑。

　　为什么要在卫生间上如此用心？因为卫生间从根本上影响着我们的身体状况。保持身心健康是一切感受的基础，而健康的生活节奏至关重要。能够享受美食、笑口常开，是保持健康的关键。

享受泡澡的奢侈

浴缸水龙头的位置很容易被忽视。安装的最佳位置会根据通风的方向而有所不同。如果要布置一个小庭院，应该把水龙头安装在与窗户相对的另一侧，以免阻挡视线。

只要有窗户，浴室空间就会显得更宽敞，让人更放松。

每个人都向往拥有带小庭院（坪庭）的浴室。不仅能欣赏庭院的美景，还能保持通风，避免湿气积聚。

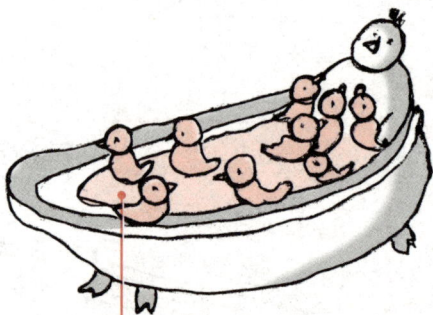

泡澡时放很多橡皮鸭在浴缸里也很有趣。橡皮鸭有各种各样的类型，比如会发光的LED款，或者能动的款式。

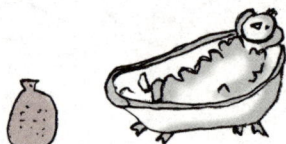

顺便说一下，上面说的小庭院可不是"壶庭①"。

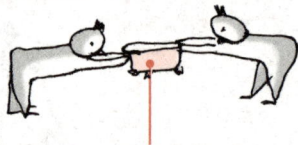

在日本，泡澡是一种待客文化。英语中叫"Have a bath"，但并不是"叫人洗澡"，而是"请尽情享受泡澡"。

很多人都想在浴室中打造一个庭院景观，以便在泡澡时能够欣赏到美景，仿佛在家中就能享受到温泉般的惬意。即使无法做到这一点，也有一些人会在浴盐等小细节中寻找乐趣。

独自享受一段宁静时光，在忙碌的生活中显得尤为珍贵，尤其是在育儿阶段的人们，更是渴望能够悠闲地泡个澡。甚至有些从国外来的人，

---

① 原文的小庭院指的是"坪庭"，是一种面积非常小的庭院，主要用于增加室内的采光和通风，同时为居住者提供一个小型的自然景观。而"壶庭"原本是指日本古代宫廷中的一种中庭空间，最初用于连接建筑物之间的通道。随着时间的推移，壶庭逐渐演变为一种小型庭院，与坪庭类似，但更强调其作为建筑内部空间的一部分。

浴缸的选择也需讲究

按摩浴缸

可以在浴缸中撒花瓣，营造奢华感。即使是在新建房屋时，人们也常常将打造一个设施完备的浴室列为重点需求之一。

半开放式浴缸

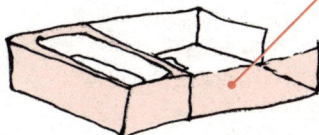

与毫无特色的普通浴室不同，这种设计可以自由定制腰部以上的部分，并且具有很高的防水性能。

桧木浴缸

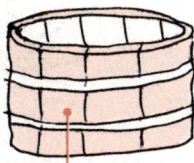

桧木防水性能高，在日本很早就被用于制作浴缸。它气味芬芳，这也是它受欢迎的原因之一。

猫足浴缸

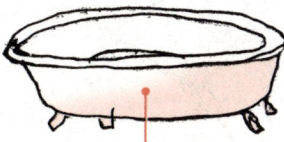

在海外电影中常见的猫脚形浴缸。由于这种浴缸起源于不习惯长时间泡澡的欧美地区，其底部较浅，如果想要享受长时间泡澡，可能会变冷。

选择材料的重点

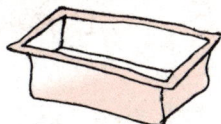

即使是普通的浴缸，材料也各不相同，包括铸铁、不锈钢、树脂、人造大理石、玻璃纤维增强塑料（FRP）等。不同的材料在触感和清洁的便利性等方面各有优劣，这些因素都可能成为选择的依据。

有效的泡澡技巧

使用各种类型的沐浴剂也很有趣。但像浴盐或含有一些药用功效的可能会损坏循环加热系统的管道。如果没有安全标识，建议关闭循环加热（保温）功能后再使用。

最佳泡澡方式是浸泡在略高于体温（体温+2～3℃）的温水中，大约 15 分钟。如果是半身浴，可以在浴缸上盖上盖子，将浴室温度调节到 26～28℃，然后浸泡 20～30 分钟。

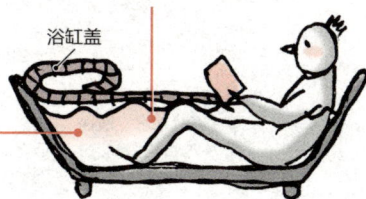

浴缸盖

在体验过日本浴室的舒适后，回国时也会购买浴缸。泡澡不仅是一种享受，还直接关系到健康，能够温暖身体。良好的血液循环有助于安眠，通过出汗还能排出身体中的废物和毒素（大家都很喜欢排毒）。

此外，泡澡在日本还是待客文化的一部分。"请用浴室"是一种表达关怀的方式，就像说"请放松一下，好好洗个澡吧"。受招待的一方也会回应"那我就不客气了"，就像在喝酒时互相敬酒一样。而我的叔父是英国人，一开始他并不了解这种待客之道，当他被频繁地邀请去洗澡时，就感到十分困惑，甚至还有些生气地说："I'm not Dirty！（我身上不脏！）"

轻松开始生态种植

生态植物有哪些?

"生态植物"(Eco Plant)是指 NASA(美国高级科研机构)研究中发现的那些能高效去除空气中有害物质的植物。这些植物会释放一种名为植物化学物质的天然化合物,还具有抑制细菌的效果。

吸附
释放
甲苯
甲醛
氨
二甲苯
三氯乙烯
氧气
植物杀菌素
植物化学物质
负离子

强壮又好养的植物

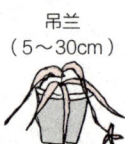

吊兰
(5～30cm)

当土壤表面变干,甚至叶子开始枯萎时,浇水即可。

龙血树
(25～170cm)

别名"幸福树"。夏天要注意避免缺水,春秋则需注意不要浇水过多。

印度榕
(～30cm)

喜欢温暖的环境,所以在冬天以外的季节,可以把它放在室外。

散尾葵
(150cm左右)

当气温下降到 15℃以下时,就要减少浇水。

需要注意环境温度的植物

龙舌兰
(20～120cm)

需要 10℃以上的环境。土壤变干时浇水。植株可作为龙舌兰糖浆的原料。

白掌
(30～80cm)

需要光照,但不耐阳光直射,因此应放在明亮但有遮挡(如透光窗帘)的地方。

橡胶树
(30～200cm)

需要光照。不喜欢环境变化,因此不要频繁改变放置位置。

攀爬性及耐性强的植物

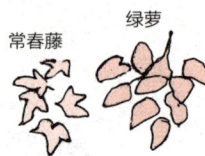

常春藤　　绿萝

繁殖力旺盛,如果阳光太充足会生长过快,因此需要适当遮光。也可以进行水培。

充实的生活中,植物往往是不可或缺的。没有植物的生活会显得单调乏味。与狗或猫相比,植物更容易与人类共存,也更容易融入生活。

植物几乎不会对生活产生负面影响,反而对环境有益。不管有多疲惫,哪怕只是触摸一下土壤,也能让人放松。当思绪卡壳的时候,拔一拔草说不定会突然激发出一个好点子。

然而,如果没有多余的时间,与"生物"相处可能会很困难。因此,可以利用节省下来的时间与植物相处。人们通常认为植物是用来"观赏"

与植物一起美丽而健康地生活

香气怡人还能驱蚊的植物

柠檬香蜂草、猫薄荷、柠檬草、万寿菊、薰衣草和迷迭香等植物，不仅可以用作食用或装饰，还能起到驱蚊的作用。大蒜也有驱蚊的功效。（※需注意，部分植物可能对宠物有影响）

茶树

天竺葵

罗勒

这种植物基本上很健壮，不需要太多照顾，但比较怕冷。只要用手触摸土壤，感觉干燥了就要浇水。

喜欢阳光充足和通风良好的环境。注意避免高温高湿的环境。在盛夏，应移至阴凉处。如果放置在温暖的室内，即使在冬天也能欣赏到花朵。

放置在阳光充足的地方（盛夏时需遮阴半天），注意保持土壤湿润，适时浇水。如果植株生长过密，可以适当间苗，并将其用于烹饪。

自制花水

早在古代就被广泛使用的花水（芳香蒸馏水）也能在家里自制。花水所含精油成分较少，所以可以直接用在皮肤和头发上。不过须尽快用完。

> 提取时长：
> ① 盖上盖子加热，开始沸腾后调小火力。
> ② 沸腾后在盖子上放冰块，用小火煮约 1 小时后熄火。
> ③ 等待半天左右，碗中会收集到花水。

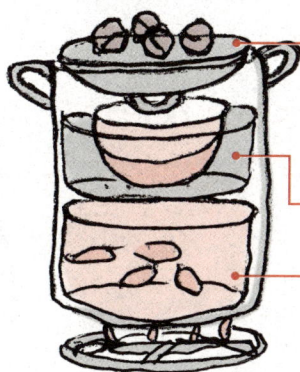

在倒置的盖子上放置冰袋或冰块。含有芳香成分的蒸汽冷后，会在中间的碗中凝结成花水。

在蒸锅的上方放一个碗。

在锅中加水，放入香草（也可以使用干香草）。

室内摆放植物的效果

将植物放置在身边有诸多好处。绿色可以刺激副交感神经，对眼睛也很友好。此外，植物还有助于放松身心，调节温度和湿度等。

减轻视觉疲劳

放松身心

调节室温和湿度

或"食用"的，但实际上还有更多与植物相处的方式，可以从简单易行的事情开始尝试。

作为入门，推荐使用被称为"生态植物"的室内植物，它们可以净化空气。大多数生态植物都能作为观赏植物在市面售卖，因此很容易获得。即使不小心把它们养死了，也不要过于自责，也许只是环境不适合它们。不要害怕植物枯萎，而是将这种经历视为一种学习，并将经验应用于下一次尝试。

减少厨余垃圾的技巧

首先，食材要物尽其用

有的蔬菜能像萝卜一样，连皮带肉都可以食用，不浪费任何部分。磕坏或发黑的部分可以放入堆肥盒。如何将蔬菜物尽其用可以参考 138 页。

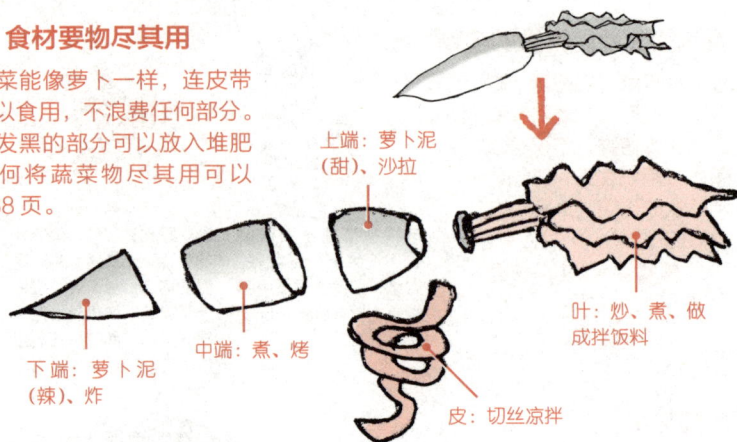

上端：萝卜泥（甜）、沙拉

叶：炒、煮、做成拌饭料

下端：萝卜泥（辣）、炸

中端：煮、烤

皮：切丝凉拌

其次，减少厨余垃圾的数量

让厨余垃圾回归土壤是一种适合有庭院或菜园的人的做法，但可能会产生异味和吸引昆虫。需要注意的是，油分和盐分含量高的食物、喷洒过农药的物品、烟草、茶包等都不适合用于堆肥。此外，像鱼骨、肉骨、玫瑰茎、银杏叶等难以在土壤中分解的物品，最好也避免使用。

堆肥

将厨余垃圾的水分充分沥干后投入堆肥中。

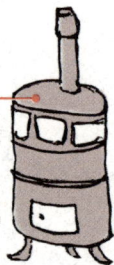

如果考虑到不影响邻居，可以选择不产生烟雾的类型。不过，这些类型也会受到天气的影响。

焚烧炉

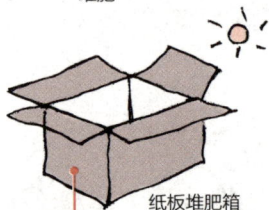

加入 EM 菌 ① 进行发酵。需要搅拌，但不会产生异味或滋生害虫。

纸板堆肥箱

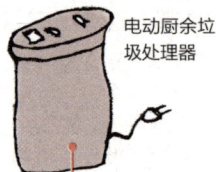

电动厨余垃圾处理器

无烟处理，适合在城市使用。不过处理垃圾的量有限，还会消耗电力。

在日常生活中，我们首先可以为地球环境作出贡献的方式是减少垃圾的产生。在购物时，只要秉持"按需购买"的心态，就可以做到。

尽量减少扔垃圾的次数，也能够节省垃圾袋的用量。接下来，我们要有意识地减少垃圾的总量。有效减少厨余垃圾的方法其实很简单，就是尽量吃完。逢年过节收到的礼物如果吃不完的话，要及时分享给他人，或者送到食品银行，不要等到过了保质期而白白浪费。

---

① EM 菌（Effective Microorganisms）是一种由多种有益微生物组成的复合菌群。

减少垃圾的 4 个步骤——"4R"

STEP ❶ 拒绝（refuse，停止不必要的消费）

NG!

拒绝滤纸

使用多年的家具

不使用保鲜膜和铝箔纸。

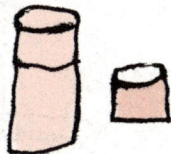

使用自己的水壶，不购买瓶装水。

使用金属或布制的咖啡过滤器。

好好珍惜耐用的物件。

STEP ❷ 减少（reduce，努力减少消耗）

补充装!

减少垃圾本身。

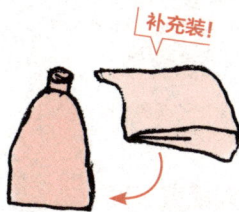

使用替换装或补充装。

有计划地购物，减少不必要的开支。

STEP ❸ 再利用（reuse，反复使用）

STEP ❹ 回收利用（recycle，将物品改变形状后作为其他用途使用）

修理!

能修则修，不要轻易更换。

旧衣改造（Remake）能让人体会到不同设计的乐趣，不会感到厌倦。

　　此外，还可以充分利用蔬菜残渣，完成"吃→处理"的循环。如果你有一个菜园，堆肥是一个不错的选择。对于居住在城市的人来说，电动的厨余垃圾处理器也很适合。

　　购买商品的时候，可以直接告诉收银员"不需要包装"，或者选择包装更简单的商品。这些声音最终会传达到生产者那里，他们会意识到"包装简单会更畅销"，从而转变思维，最终形成一种消费者运动。毕竟，社会的改变往往是由消费者的一次次小行动引发的。

享受让蔬菜物尽其用的过程

不要丢弃营养价值高的部位

你是否一直都会把芹菜根丢掉？其实芹菜根在做芹菜火锅，或秋田特色菜"烤米棒锅"时是必不可少的配菜。

甜椒的籽和瓤、菠菜根等部位营养丰富，扔掉太可惜了。芹菜的根也很好吃。

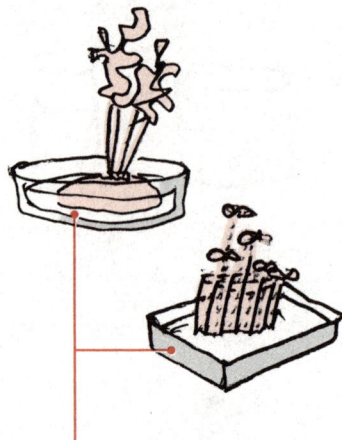

从剩余的东西中再次收获

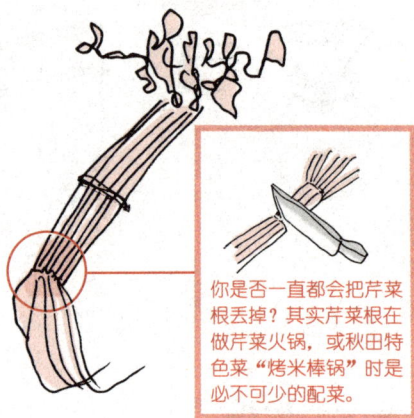

将胡萝卜的顶端或豆芽浸泡在浅盘中，就可以反复收获。

把蔬菜边角料做成蔬菜高汤

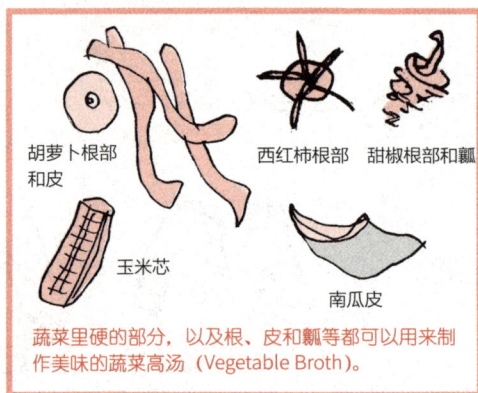

胡萝卜根部和皮

西红柿根部

甜椒根部和瓤

玉米芯

南瓜皮

蔬菜里硬的部分，以及根、皮和瓤等都可以用来制作美味的蔬菜高汤（Vegetable Broth）。

将蔬菜中不便食用的部分放入锅中充分熬煮，提取精华，煮到蔬菜都想求你放过它们的程度，物尽其用。

为了减少垃圾的产生，我们可以采取多种方法。比如，有意地以一些"有趣"的方式用光食材。136 页中的萝卜使用方式就是其中一个例子。

此外，蔬菜的"反复利用"也是一种有效的方法。通常会当作边角料而丢弃的部分，其实含有丰富的营养。因此，不妨将这些一直以来被丢弃的蔬菜边角料，用于制作蔬菜高汤，让它们发挥出更大的价值。

把蔬菜高汤一次性做好并冷冻保存，之后做饭时就不需要再另行熬制，而可以直接使用这种浓缩了蔬菜鲜味的汤汁来烹饪。此外，将肉类或鱼类与蔬菜边角料一起放进烤箱中烤制，可以去除腥味，同时还能增

可食用、可点缀、可观赏的蔬菜利用技巧

能够装点空间的厨房香草

薄荷、牛至、欧芹、柠檬香蜂草等都可以种在厨房窗边。如果空间足够，还能种些紫苏、阳荷、鼠尾草、三叶芹等。

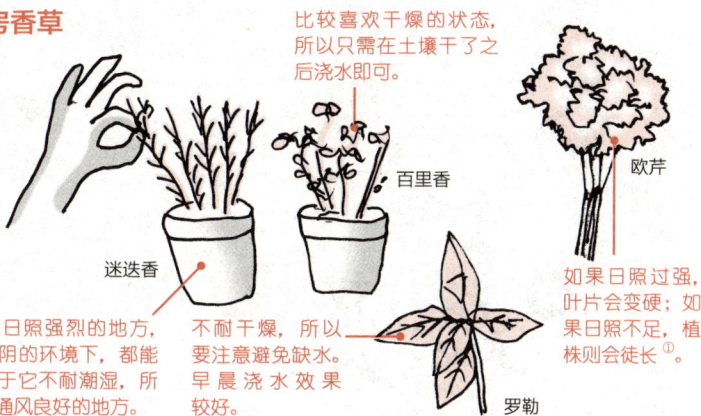

比较喜欢干燥的状态，所以只需在土壤干了之后浇水即可。

百里香

欧芹

迷迭香

不管是在日照强烈的地方，还是在半阴的环境下，都能生长。由于它不耐潮湿，所以要种在通风良好的地方。

不耐干燥，所以要注意避免缺水。早晨浇水效果较好。

如果日照过强，叶片会变硬；如果日照不足，植株则会徒长①。

罗勒

能一物多用的藤蔓植物

既赏心悦目，又能起到遮阳作用，而且还能食用的绿色窗帘。如果不是为了收获，那么牵牛花、夕颜花，以及香气宜人的多花素馨也是不错的选择。

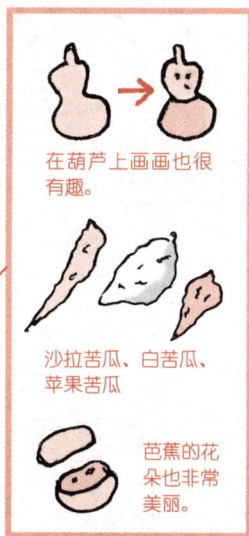

在葫芦上画画也很有趣。

沙拉苦瓜、白苦瓜、苹果苦瓜

芭蕉的花朵也非常美丽。

用于烤箱烹饪的调味香料

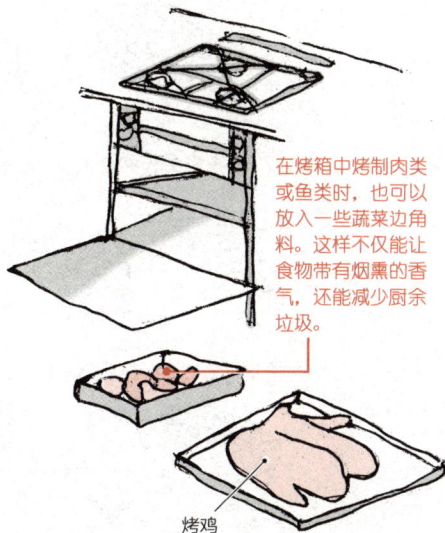

在烤箱中烤制肉类或鱼类时，也可以放入一些蔬菜边角料。这样不仅能让食物带有烟熏的香气，还能减少厨余垃圾。

烤鸡

添烟熏风味。洋葱皮也可以用来煮水、泡茶，甚至还能用于染色。

　　豆芽可以在盘子中浸泡在水中继续生长，而香草如果在厨房中种植，不仅可以用于烹饪，还能为室内增添色彩。说到一举两得，苦瓜也是一个很好的例子。它不仅是一种食材，如今还流行种植在建筑外墙，形成天然的遮阳屏障，就像一扇绿色的窗帘。

---

① 植物徒长是指植物在生长过程中，由于光照、温度、水分、肥料等环境因素不适宜或不协调，茎秆生长过快，叶片变小、变黄、变薄，植株变得细长、瘦弱、不健康。

可以立即付诸实践的 8 件事

1 出行尽量骑自行车或步行

汽车尾气对环境来说也是垃圾！

还能避免挤地铁。

2 拒绝不必要的赠品

NO!

3 使用替换装补充用量

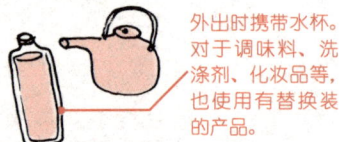

外出时携带水杯。对于调味料、洗涤剂、化妆品等，也使用有替换装的产品。

4 将纸的背面或废纸当作便笺纸使用

5 自带环保袋 + 塑料袋

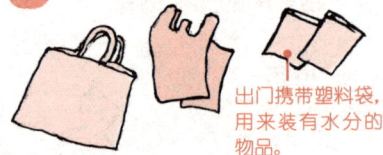

出门携带塑料袋，用来装有水分的物品。

6 将洗涤剂换成天然成分的产品

小苏打、柠檬酸、醋酸钠等（参照119 页）。

7 积极进行回收利用

铝罐→再制成铝罐、铝制窗框、电子产品等。

玻璃瓶→再制成玻璃瓶、隔热材料、人行道用瓷砖等。

钢罐→再制成钢罐、钢结构、钢筋、汽车车身等。

报纸→再制成报纸、周刊杂志、印刷用纸等。

荧光灯管→再制成玻璃、汞等金属。

旧报纸、杂志→再制成纸箱、纸袋以及各种纸制品。

8 不使用一次性餐具

烧烤时也尽量不使用一次性碗筷。

最近，"零浪费"这个词经常被提及。它的意思是不产生垃圾。我认为，富足的生活并不仅仅是自给自足，还要致力于让环境和社会变得更好的行动。

例如，日本德岛县上胜町这个地方，虽是个小镇，但在零浪费（垃圾零排放）的实践中，已经达到了全国闻名的水平。如下页的表格所示，他们的垃圾竟然有 45 种分类。每一位居民都自觉地在行动中承担了这种细致的分类工作，并且自行将垃圾带到回收站进行分类处理。

小城镇的零浪费实践

德岛县上胜町的 13 类 45 种垃圾分类，真的很厉害！

将瓶子根据透明、棕色和其他颜色进行分类。

一次性筷子，清洗干净后放入回收箱。

厨余垃圾在家庭中进行堆肥处理。

像使用过的纸巾等无法进行回收利用的物品则有专门的分类，被归到了 11-1 "必须焚烧的物品" 这一类中。

1	还能使用的物品→可以带到零浪费中心的商店，让需要的人拿走	8-1	透明玻璃瓶→透明玻璃瓶
2	厨余垃圾→在自家进行堆肥处理	8-2	棕色玻璃瓶→棕色玻璃瓶
3-1	铝罐→铝制品	8-3	其他颜色的玻璃瓶→玻璃瓶
3-2	钢罐→钢铁制品	8-4	升瓶、啤酒瓶→再利用
3-3	喷雾罐→钢铁制品	9-1	玻璃类、陶瓷类→道路材料
3-4	金属瓶盖→铝制品、钢铁制品	9-2	镜子、水银温度计→水银
3-5	杂金属→各种金属制品	9-3	灯泡、荧光灯→水银、玻璃制品
4-1	报纸、传单→报纸用纸	9-4	干电池→钢铁制品
4-2	纸箱→纸箱	9-5	废电池→铅
4-3	杂志、杂纸→再生纸	9-6	打火机→钢铁制品
4-4	纸袋（白）→再生纸	10-1	大件垃圾（金属制品）→各种金属
4-5	纸杯（白）→再生纸	10-2	大件垃圾（木制品）→固体燃料
4-6	纸袋（银）→再生纸	10-3	大件垃圾（床垫、地毯、窗帘等）→固体燃料
4-7	硬纸板→纸箱	10-4	大件垃圾（PVC 制品、橡胶制品等）→放在大件垃圾集装箱前★
4-8	碎纸→再生纸		
4-9	其他纸张→固体燃料	11-1	必须焚烧的物品（口罩、使用过的纸巾、PVC 雨衣、烟头、干燥剂等）→送到指定收集点★
5-1	衣物、毛毯→二手销售、做成抹布		
5-2	其他布料→固体燃料	11-2	纸尿布、卫生用品、床垫→送到指定收集点★
6-1	一次性筷子、木竹制品→用于焚烧、固体燃料		
6-2	废食用油→混合饲料、肥皂、燃料	12	必须填埋的物品（贝壳、未倒空的指甲油等）→放入指定收集箱★
7-1	塑料容器和包装（有塑料标识）→炼铁的还原剂		
7-2	其他塑料→固体燃料	13-1	废轮胎→固体燃料
7-3	白色托盘→白色托盘	13-2	废马桶→咨询专业回收商家
7-4	塑料水瓶→衣物	13-3	特定家电（电视、冰箱、洗衣机、空调、烘干机）→根据家电回收法进行处理
7-5	塑料瓶盖→炼铁的还原剂		

注：标记★的是不可回收物

参考：德岛县上胜町 令和 2 年度版资源分别指南

　　众多微小的努力汇聚起来，也会形成一股巨大的力量。他们在计量、销售和回收利用等方面所做的优秀表率，也为当地旅游业贡献了力量。不知不觉间，那些被视为理所当然的生活方式，已然成为"他人的榜样"。

　　这正是因为领导者志向高远，而居民们又无比热爱自己的城镇。可想而知，他们能够巧妙地制定出符合自身实际情况的规则。正因如此，这种城镇与居民紧密合作的实践才得以稳固扎根。在追求更高层次的努力时，我们不应只考虑短期行为，而应思考如何制定出一种能够长期持续且不让居民感到勉强的方案。

今天就能实施的食物浪费对策

了解最佳食用期限和保质期的区别　节约

即使过了最佳食用期限，仍然可以食用！
最佳食用期限：指在该期限内"品质不会改变"，可以美味地食用的期限。
保质期：指按照指定的保存方法保存时，"能够安全食用"的期限。

即使过了最佳食用期限，也不要轻易丢弃

解决食物浪费的根本还是在于只购买必需品。很多时候，即便我们出于"有了会更安心"的想法而购买了多余的物品，最终也往往会将它们丢弃。

买熟透了的蔬菜

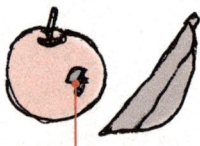

去掉受伤的部分，尽快烹饪的话不会有什么问题。而且大多数情况下这种蔬菜都会打折，还能省钱。

买外观不好的食材

其实味道上并没有区别，切开之后都一样。

吃剩的食物冷冻储存

吃不完的食物不要扔掉，可以冷冻保存起来备用。忙碌的时候，只需要解冻就能多一道菜。

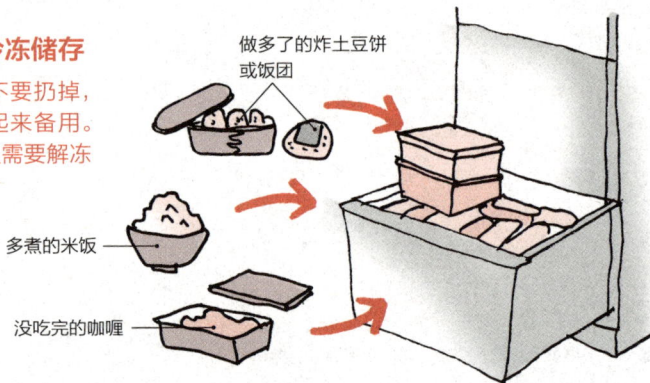

做多了的炸土豆饼或饭团

多煮的米饭

没吃完的咖喱

在日本，食物垃圾量过多的问题一直备受关注。我非常喜欢英国料理研究家杰米·奥利弗所倡导的减少食物浪费的运动，如本页所介绍的，他为减少食物浪费设定了一些指标。

在外就餐时，如果食物的量超过了你能吃下的程度，不要勉强自己吃完，可以主动提出将剩余的食物打包带走。最不应该做的就是浪费食物。你可以礼貌地对餐厅说："我想打包带走。"让餐厅帮你打包，或者询问餐厅是否可以使用"打包袋"（参照 143 页说明），然后自己将食物打包带回家。

与环保相关的小小努力

准确计量，避免浪费

不要只凭目测来烹饪，试着使用称量工具，你会发现可以避免很多意外的浪费和多余的热量摄入。

检查冰箱的温度

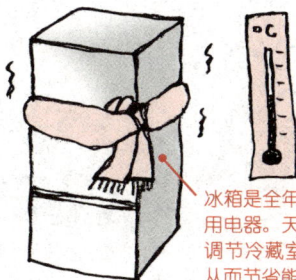

冰箱是全年耗电量最高的家用电器。天气变冷时，可以调节冷藏室内的温度设置，从而节省能源和电费。

在外面吃不完的饭菜打包回家

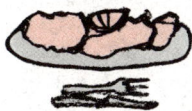

DOGGY
BAG

外出就餐时，点餐量最好比自己的食量少一点。如果不够，可以再加菜。如果吃不完的话，可以请餐厅帮忙打包，或者请他们提供"狗狗袋（打包袋）"（参照右侧图示）。

"狗狗袋"是"Doggy bag"的直译，但不是指狗形状的袋子。

只是以前的人们会以"给狗吃"为名目，将在外吃不完的饭菜打包带回家，所以会有这种叫法。

考虑食物的生产过程

在食物摆上货架之前，人们已经付出了许多努力。那些看似寻常、被包装好的肉类和鱼类，其实都耗费了大量的精力和资源。因此，我们应尽量选择本地生产和消费的方式，减少运输过程中的能源消耗。

收获　　　　　　发货作业　　　　　　出货

但是，在多人聚餐时，擅自将公共盘子里的食物打包带走会显得不太礼貌。因此，最好先和餐厅沟通，让他们帮忙打包。

　　这完全是一种基于"环保意识"的行为，并非出于吝啬。如果仅仅出于自私的心态，只想着自己占便宜，那就本末倒置了。此外，我们还应该经常检查冰箱的库存，制订每周的饮食计划等，将减少垃圾、避免浪费、关爱环境的意识融入日常生活中。

通过志愿活动连接社会

先从身边的小事做起

种种花，除除草

可以试着去公园或植物园帮忙。即使不是自家庭院，感受植物的生长也能让人备受鼓舞。

清扫街道上的落叶和垃圾

不用特意去很远的地方，从自家附近开始就行。收集起来的落叶还可以用作堆肥。

一直都有需求的献血

想到这些血液也许能够拯救生命，就觉得这些付出是值得的。只要符合标准，16岁至69岁（全血献血·200ml）的人都可以参与。

尝试养育导盲犬

由于是养育一个生命，责任重大，但成就感也很高。养大送走时固然很舍不得，但想到它们能为社会和有需要的人提供帮助，那种喜悦也是无与伦比的。

为了孩子们的安全

交通安全志愿者是一份既能看到孩子们可爱的面孔，又充满意义的工作。虽然无论下雨还是下雪都要坚持站在路边，但孩子们的一句"谢谢"，就能让心里无比温暖。

参加志愿者活动也是一种更高层次的时间利用方式。我有亲戚住在奈良，他们甚至还能参加考古发掘的志愿工作。

志愿者活动本质上是无偿地帮助他人，有些需要长期积累和投入，但也有很多一次性的工作。可以说，志愿者活动是一个让人走出日常工作的范畴的好机会。有很多活动即使不具备专业技能也可以轻松参与，有的在网上就能完成。因此，不妨先从那些急需人手的地方开始。

试着再往前踏出一步

协助运营儿童食堂

利用烹饪等技能为社区贡献力量，同时还能够见证孩子们的成长，这也是让人感到欣慰的事情。

红羽毛共同募金这类机构有许多捐助对象

能够承担捐助对象的一部分活动，这种喜悦是难以言表的。此外，还有在线捐赠和慈善拍卖等多种方式可以帮助别人。

做倾听志愿者等关怀老年人的工作

这类工作有时需要极大的耐心，但也是一个难得的机会，让人切实感受到每个人都有自己的人生经历。

帮助外国人

语言能力可以得到提升，还能接触到在电视或网络上无法了解到的其他国家的文化和风俗。

手语或录音志愿者

这种志愿者活动，可以让自己获得以前从未有过的感悟。在学习手语和翻译有声读物的过程中，也能学到很多。

在受灾地区人手不足时提供援助

需要注意的是，不要因为自我满足而成为他人的负担。同时，要充分考虑受灾者的心情，给予足够的理解和关怀。

教授自己擅长领域的知识

将专业知识用通俗易懂的方式讲解给非专业人士，不仅能加深自己对熟悉领域的理解，还能让自己的成长更上一层楼。

不过，我们也要尽量避免贸然前往受灾地区，以免成为他人的负担。尽管如此，在那些缺乏人手的地方，哪怕只是尝试做一些微小的贡献，也有机会成为拓展自身可能性的契机。但前提是在规定的时间和规则内，全力以赴地完成任务。

志愿者活动可以通过互联网搜索，也可以向当地的社会福利协会或志愿者中心咨询。如果觉得门槛较高，可以先从参加以社会贡献为主题的活动开始。

尽量不依赖设备的生活方式

生活中的节能

将白炽灯更换为 LED 灯

不仅可以节省能源，还能提升照明质量。过去，LED 灯的光色被认为比较冷，但近年来，随着技术的进步，LED 灯的色温已经接近白炽灯，甚至在某些方面表现得更好。

节能插座

使用带有开关的节能插座，通过切换开关，可以有效切断待机电力。

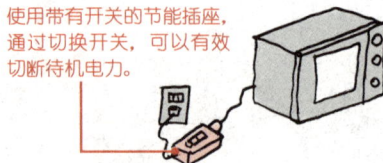

不要过度使用燃气

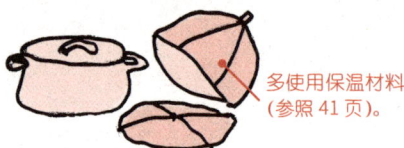

多使用保温材料（参照 41 页）。

不过度依赖空调

可以使用团扇或折扇。

使用太阳能厨具

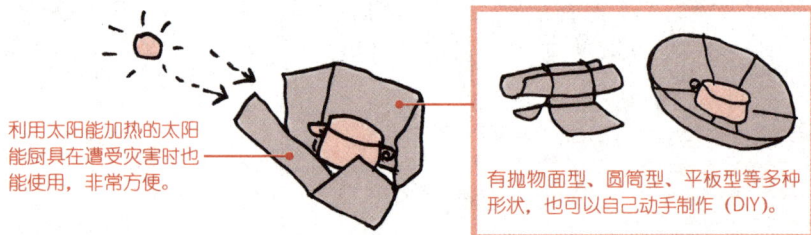

利用太阳能加热的太阳能厨具在遭受灾害时也能使用，非常方便。

有抛物面型、圆筒型、平板型等多种形状，也可以自己动手制作（DIY）。

试着将视角扩展到全家

通过家具的巧妙设计，我们可以高效地阻挡热量并引入空气（参照 147 页）。

如果栽种落叶乔木，夏天的时候，树木可以让强烈的阳光变柔和。

进一步提升房屋本身的隔热和气密性能，节能效果更佳。

循环利用雨水不仅有助于节水，也是预防灾害的措施之一。

让我们以一种顺应四季变化的平常心去生活。夏天本就炎热，冬天本就寒冷。因为夏日炎热而流汗，所以西瓜才格外美味；因为冬日寒冷，所以热气腾腾的火锅才让人感到温暖。

觉得热了，就脱掉多余的衣服，换上轻薄凉爽的夏装，听风铃的清脆声响，看麻制的门帘在微风中轻轻摇曳，便能感受到丝丝凉意。

感到寒冷时，先穿得厚厚的，再通过活动身体来保暖，不能静止不动。如果这样还觉得不够，再考虑使用空调等设备调节温度。

节能的关键在于窗户

窗帘、百叶窗

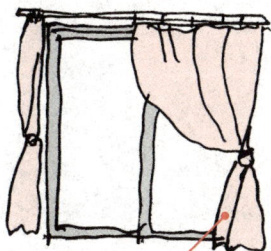

窗帘和百叶窗有很好的隔热效果。虽然为了防尘，窗帘通常会离地面有一定距离，但让窗帘垂到地面看起来会更好看。

夏季的苇帘

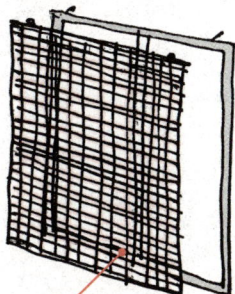

苇帘不仅能遮挡阳光，还能保证空气流通、保护隐私。看上去清爽凉快，蕴含着东方传统的智慧。

绿色窗帘

在窗外培育绿色植物形成的"窗帘"。可以种植黄瓜或葡萄等会结果的植物，既能遮挡阳光，又能收获果实，一举两得。

内窗

窗户　　　内窗

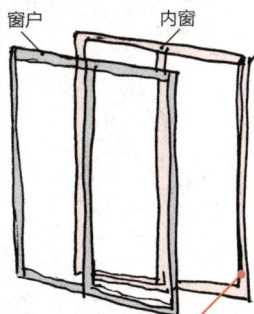

在窗户内侧安装内窗，形成双层窗户。安装工程通常一天就能完成。此外，纸拉门也有很好的隔热效果。

遮阳篷·屋檐·帐篷

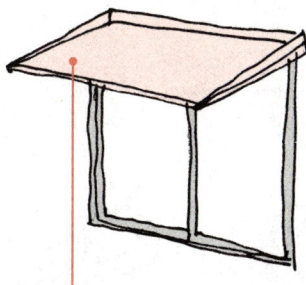

在窗户上方安装遮阳篷、屋檐或帐篷。不仅能缓解高温，还能防止外墙因雨水侵蚀而老化。

遮阳帘

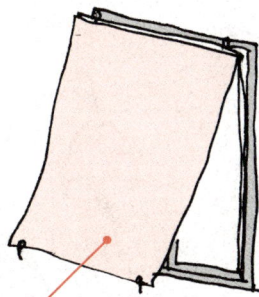

在窗外安装布制的遮阳篷。它可以遮挡从窗户射入的阳光，减少空调的热量损失。

　　在夏天只有当气温超过 28℃时，我才会开空调制冷，而冬天主要是靠多穿衣服来御寒，当气温降到 10℃时才会开暖气。

　　我们需要好好思考如何在尽量不依赖电器设备的情况下获得舒适感，同时减少对环境的负担。利用大自然的恩惠，在生活中注重减少能源损失，对身体也有好处。如果通过一些小技巧和心态的调整，就能消暑、保暖，同时对环境和身体都有益，是再好不过的。为此，我们需要细心关注生活中的细节，留意身边的事物。

　　虽然可能比按一下空调开关更麻烦一点，但这些习惯一旦融入日常生活，就能自如享受节能带来的好处。

因『可惜』而诞生的幸福生活习惯

幸福生活的 5 个习惯

① **早睡早起的习惯**

和太阳同步行动吧。

② **家庭团聚的习惯**

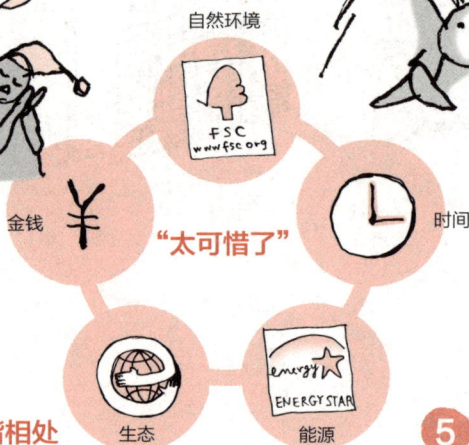

和家人待在同一个房间内,也能节能。

自然环境

FSC
www.fsc.org

金钱 ¥

"太可惜了"

时间

生态

ENERGY STAR

能源

③ **与四季和谐相处的习惯**

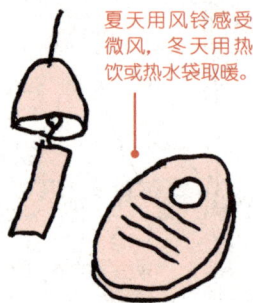

夏天用风铃感受微风,冬天用热饮或热水袋取暖。

④ **多运动的习惯**

少开车,多步行或骑自行车。

⑤ **减少环境负担的习惯**

洗脸和刷牙时,不要一直开着水龙头。

以健康生活为目标,如果在养成良好生活习惯的同时,还能减少环境负担,进而节约资源的话就太好了。所以,我们也要早早摒弃一心只图快捷、轻松而不知不觉养成的那些对健康和社会环境不利的生活习惯。

理想的健康生活方式其实很简单,核心也许就是"感觉可惜"这种朴素的节约意识。我们可以重新客观地审视那些生活中习以为常的事情。

还有很多能做的事

早上和晚上可以做的事

睡前不看电视或手机

- 夏天早晨就去跑步，享受朝阳和清新的空气。
- 早起工作或做家务。
- 晚上泡个温水澡，做会儿伸展运动。

可以全家一起做的事情

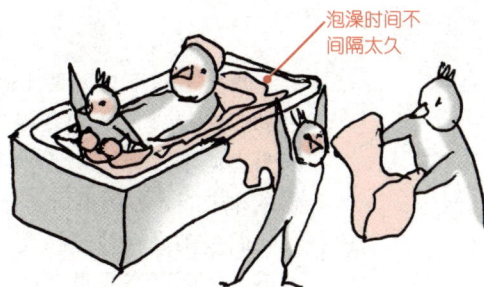

泡澡时间不间隔太久

- 一家人一起吃饭。减少做饭次数，既能减少家务工作量又能节能。
- 无人的房间要关灯。

顺应四季节奏生活

冬穿棉，夏穿纱

- 夏天趁早晨凉爽时做饭。冬天则围坐在一起吃火锅。
- 夏天喝薄荷茶，冬天喝热姜茶等，根据季节选择饮品。

微小的节能举措

偶尔关掉电灯，改用蜡烛

- 睡前 30 分钟关掉空调。
- 烧水时盖上锅盖。
- 将锅底的水分擦干后再放在火上加热。

日常行动中增加运动量

打扫时使用掸子或扫帚。

- 天气寒冷时，通过慢跑来暖身。
- 把搬运重物当作举重训练。
- 把擦拭家具当作拉伸运动。

比如，仅仅是一家人待在同一个房间，就可以实现节能（减少用电、燃气以及水电费），还能促进家人间的交流和沟通。

经过重新思考，我们就可以从今天开始，挖掘那些小小的"节约"行为，并想办法将它们融入日常生活，形成无须勉强自己就能坚持的习惯，进而减少环境的负担。

像上图那样把这些想法一条条写下来后就会发现，只要稍加努力、调整心态，就能在度过幸福家庭时光的同时，践行环保的生活方式。

后记 | 日常生活所创造的精彩人生

　　每天节省下来的两小时，是通过巧妙的时间管理，减少了生活中的各种浪费，从而获得的。我一直在记录这些节省时间的技巧，因为它们不仅能让生活变得有趣，还能让我们有机会去做那些一直想做却未能去做的事情。

　　回过头来看曾经的我，过去总是毫无计划地过着每一天，忙碌不堪。然而，当我重新审视时间的使用方式时，才发现那些我原以为是绕远路的事，实际上却是捷径。而利用节省下来的时间，我才得以完成那些曾经意外放弃的事情。

　　每个人应该都希望度过充满意义且丰富多彩的人生，却往往被时间追赶着，淹没在日常琐事之中。正因为我曾经历过这样的日子，才萌生了写这本书的念头。

不必过度努力

　　如果过于拼命，那么一旦失败就会陷入更大的沮丧。尽管我们一直在努力，但折磨自己毫无意义。因此，要时刻保持一种"Que Sera，Sera"① 式的乐观态度，顺其自然，笑对一切。

　　日常生活总是充满意外。例如，早上开车出门购物时遇到堵车，一整天的日程就会像多米诺骨牌一样被打乱，而这种时候往往麻烦迭出，还容易发生打碎盘子、弄洒洗涤剂等意外。但我们依然可以积极地看待这一切，比如意外地完成了地板清扫，或者把额外的家务当作一种轻量运动，等等。事后回顾那些不太顺利的预料之外，或许会发现，从某种角度来看，那也许正是更好的安排。

---

① "Que Sera，Sera" 的意思是 "随遇而安" 或 "顺其自然"，即 "事情会自然地发展"。这个短语源自西班牙语风格的表达，虽然语法上并非完全正确的西班牙语，但被广泛接受和使用。它的流行源于 1956 年阿尔弗雷德·希区柯克执导的电影 *The Man Who Knew Too Much* 的主题曲 *Que Sera，Sera*（*Whatever Will Be，Will Be*），传达了一种乐观的生活态度，鼓励人们接受未来不可预知的部分，减少不必要的焦虑。

有条不紊的生活能应对各种状况

总有些时候不想努力，这是正常的。不妨在有精力的时候，根据自己的节奏逐步尝试高效利用时间的方法。在头脑和身体都充满活力的时候，再重新思考如何节省时间。

家是生活不可或缺的一部分。在如今的时代，家更应该成为守护家人和生活方式的温暖居所。

如果家中令人感到舒适，生活井井有条，还能度过有意义的时光，那么我们无论面对什么状况，都能应对自如。如果本书能对大家实现理想的生活方式有所帮助，哪怕只有一点点，我都会感到非常开心。

田中直美
2022 年 2 月